普通高等教育"十三五"规划教材

有机化学实验

YOUJIHUAXUE SHIYAN

吴爱斌　龚银香　李水清　主编

化学工业出版社

·北京·

《有机化学实验》是化学工业出版社普通高等教育"十三五"规划教材。本书与《有机化学》(ISBN 978-7-122-29325-1,化学工业出版社,2017)配套使用。

本书注重基本原理、反应机理和实验操作相结合,强调实验技能的全面训练。全书由有机化学实验基本知识、有机化学实验基本操作技术、有机化合物的表征、有机化合物的制备(含设计性实验)和附录共五个部分组成。实验选编注重绿色化学概念,强化分离和纯化操作,突出设计和研究性实验,实验步骤层次分明。制备实验一般为小量或半微量实验,大部分用时较短。

本书可作为高等学校化学和化工类、资源和环境类、医学和药学类、材料类、农林类、地质类、食品类、轻纺类等相关专业的有机化学实验教材,也可作为实验室常用参考书供相关科技人员参阅。

图书在版编目(CIP)数据

有机化学实验/吴爱斌,龚银香,李水清主编. —北京:化学工业出版社,2018.7(2024.2重印)
普通高等教育"十三五"规划教材
ISBN 978-7-122-32281-4

Ⅰ.①有… Ⅱ.①吴… ②龚… ③李… Ⅲ.①有机化学-化学实验-高等学校-教材 Ⅳ.①O62-33

中国版本图书馆 CIP 数据核字(2018)第 112761 号

责任编辑:旷英姿　　　　　　　　　　　文字编辑:陈　雨
责任校对:王　静　　　　　　　　　　　装帧设计:王晓宇

出版发行:化学工业出版社(北京市东城区青年湖南街 13 号　邮政编码 100011)
印　　装:三河市双峰印刷装订有限公司
787mm×1092mm　1/16　印张 10　字数 243 千字　2024 年 2 月北京第 1 版第 5 次印刷

购书咨询:010-64518888　　　　　　　售后服务:010-64518899
网　　址:http://www.cip.com.cn
凡购买本书,如有缺损质量问题,本社销售中心负责调换。

定　价:26.00 元　　　　　　　　　　　　　　　　　　版权所有　违者必究

前 言

《有机化学实验》与《有机化学》（ISBN 978-7-122-29325-1，化学工业出版社，2017）配套使用。

第1章至第3章较全面地介绍了有机化学实验的基本知识、基本操作技术和有机化合物的表征，包括实验室规则、安全知识、文献资源、有机试剂、常用仪器、基本操作、分离纯化和产品的表征等，其中包括4个性质实验。第4章包括53个制备实验和6个设计性实验，按产物性质和实验特点分为12类，每个实验后都有注释和思考题。书后附录列有实验室常用数据，以便查阅。

本书有以下特点：①重视基本理论与基本操作，对基本原理和反应机理阐述力求透彻、简洁；②注重实验技能的训练和提高，实验中包含了各项实验技能训练；③附录中收录的实验室常用数据，在实验过程中可供参考；④制备实验一般为小量或半微量实验，可节约试剂与实验时间，并降低危险，大部分实验用时较短，便于课时的安排；⑤多数制备实验内容互相关联，可根据需要灵活组合成多步骤合成实验；⑥突出设计性实验，学生根据要求，自行设计并完成实验；⑦增加研究型思考题，使学生加深对实验的认识，培养分析问题和解决问题的能力。

本书由吴爱斌、龚银香、李水清主编。其中第1章、第2章和附录由吴爱斌编写，第3章由舒文明编写，第4章4.1~4.4和4.12由龚银香编写，第4章4.5由胡琳莉编写，第4章4.6~4.11由李水清编写。全书由吴爱斌、李水清统稿和定稿。

本书是在长江大学化学与环境工程学院各级领导的关怀和支持下完成的；化学工业出版社对本书的出版给予了大力支持和帮助。在此对所有关心和支持本书出版的老师和同志们致以衷心的感谢！

限于编者水平有限，书中难免存在不足之处，敬请广大读者批评指正。

编　者
2018年3月于长江大学

目 录

第1章　有机化学实验基本知识　1

1.1 ▶ 有机化学实验室规则 ………………………………………………… 1
　　1.1.1　实验室安全规则和注意事项 ……………………………… 1
　　1.1.2　实验室事故的预防、处理与急救 ………………………… 2
1.2 ▶ 有机化学实验基本程序 …………………………………………… 6
　　1.2.1　实验预习 …………………………………………………… 6
　　1.2.2　实验记录 …………………………………………………… 6
　　1.2.3　实验报告 …………………………………………………… 6
1.3 ▶ 常用玻璃仪器、装置和设备 ……………………………………… 7
　　1.3.1　常用玻璃仪器 ……………………………………………… 7
　　1.3.2　常用实验装置 ……………………………………………… 9
　　1.3.3　机电设备 …………………………………………………… 13
1.4 ▶ 试剂的种类和存储 ………………………………………………… 17
　　1.4.1　试剂的种类 ………………………………………………… 17
　　1.4.2　试剂存放的一般原则 ……………………………………… 17
　　1.4.3　试剂的纯化与干燥 ………………………………………… 18
　　1.4.4　废弃化学品的处理 ………………………………………… 18
1.5 ▶ 有机化学文献资源 ………………………………………………… 19
　　1.5.1　一级资源 …………………………………………………… 19
　　1.5.2　二级资源 …………………………………………………… 20

第2章　有机化学实验基本操作技术　22

2.1 ▶ 玻璃仪器的洗涤与干燥 …………………………………………… 22
　　2.1.1　玻璃仪器的洗涤 …………………………………………… 22
　　2.1.2　玻璃仪器的干燥 …………………………………………… 23
2.2 ▶ 试剂的取用 ………………………………………………………… 23
　　2.2.1　液体试剂 …………………………………………………… 23

- 2.2.2 固体试剂 ······ 24
- 2.2.3 气体试剂 ······ 24
- 2.3 ▶ 加热及冷却 ······ 26
  - 2.3.1 加热 ······ 26
  - 2.3.2 冷却 ······ 26
- 2.4 ▶ 搅拌与振荡 ······ 27
  - 2.4.1 玻璃棒搅拌 ······ 28
  - 2.4.2 磁力搅拌 ······ 28
  - 2.4.3 机械搅拌 ······ 28
  - 2.4.4 振荡 ······ 28
- 2.5 ▶ 过滤 ······ 29
  - 2.5.1 常压过滤 ······ 29
  - 2.5.2 减压过滤 ······ 30
  - 2.5.3 热过滤 ······ 31
- 2.6 ▶ 重结晶 ······ 31
  - 2.6.1 溶剂的选择 ······ 32
  - 2.6.2 重结晶的步骤 ······ 33
- 2.7 ▶ 萃取 ······ 34
  - 2.7.1 液-固萃取 ······ 34
  - 2.7.2 液-液萃取 ······ 34
- 2.8 ▶ 干燥 ······ 36
  - 2.8.1 干燥剂 ······ 36
  - 2.8.2 液体的干燥 ······ 37
  - 2.8.3 固体的干燥 ······ 37
- 2.9 ▶ 蒸馏 ······ 38
  - 2.9.1 普通蒸馏 ······ 38
  - 2.9.2 减压蒸馏 ······ 38
  - 2.9.3 分馏 ······ 39
  - 2.9.4 水蒸气蒸馏 ······ 40
  - 2.9.5 共沸蒸馏 ······ 41
- 2.10 ▶ 色谱 ······ 42
  - 2.10.1 吸附与洗脱 ······ 42
  - 2.10.2 薄层色谱 ······ 42
  - 2.10.3 柱色谱 ······ 45
- 2.11 ▶ 无水无氧操作 ······ 47

第 3 章　有机化合物的表征　49

- 3.1 ▶ 熔点 ······ 49
  - 3.1.1 熔点仪 ······ 49

3.1.2 装样 ……………………………………………………………… 50
3.1.3 测定 ……………………………………………………………… 51
实验1 熔点的测定 ……………………………………………………… 51
3.2 ▶ 沸点 ……………………………………………………………… 53
3.2.1 蒸馏法 …………………………………………………………… 54
3.2.2 气液平衡法 ……………………………………………………… 54
3.2.3 半微量/微量法 …………………………………………………… 54
实验2 蒸馏及沸点的测定 ……………………………………………… 55
3.3 ▶ 折射率 …………………………………………………………… 56
3.3.1 折射仪 …………………………………………………………… 56
3.3.2 测定 ……………………………………………………………… 57
实验3 折射率的测定 …………………………………………………… 58
3.4 ▶ 旋光度 …………………………………………………………… 59
3.4.1 旋光仪 …………………………………………………………… 60
3.4.2 测定 ……………………………………………………………… 60
实验4 旋光度的测定 …………………………………………………… 61
3.5 ▶ 红外光谱 ………………………………………………………… 62
3.5.1 基本原理 ………………………………………………………… 62
3.5.2 基团的特征频率 ………………………………………………… 63
3.5.3 仪器及测试 ……………………………………………………… 64
3.5.4 有机结构分析中的应用 ………………………………………… 65
3.6 ▶ 核磁共振氢谱 …………………………………………………… 67
3.6.1 基本原理 ………………………………………………………… 67
3.6.2 化学位移 ………………………………………………………… 68
3.6.3 自旋偶合与自旋裂分 …………………………………………… 69
3.6.4 仪器及测试 ……………………………………………………… 71
3.6.5 有机结构分析中的应用 ………………………………………… 72

第4章 有机化合物的制备　　　　　　　　　　　　　　　74

4.1 ▶ 烃和卤代烃 ……………………………………………………… 74
实验5 乙苯的制备 ……………………………………………………… 74
实验6 环己烯的制备 …………………………………………………… 75
实验7 1-溴丁烷的制备 ………………………………………………… 76
实验8 2-甲基-2-氯丙烷的制备 ……………………………………… 77
4.2 ▶ 醇、酚和醚 ……………………………………………………… 78
实验9 反-1,2-环己二醇的制备 ……………………………………… 78
实验10 2-甲基-2-丁醇的制备 ………………………………………… 79
实验11 三苯甲醇的制备 ……………………………………………… 80
实验12 间硝基苯酚的制备 …………………………………………… 82

		实验 13	对叔丁基苯酚的制备 ···	83

      实验 13　对叔丁基苯酚的制备 ·· 83
      实验 14　正丁醚的制备 ·· 84
      实验 15　苯氧乙酸的制备 ··· 85
  4.3 ▶ 醛和酮 ·· 86
      实验 16　环己酮的制备 ·· 86
      实验 17　对甲基苯乙酮的制备 ·· 87
      实验 18　4-苯基-2-丁酮的制备 ··· 88
      实验 19　查尔酮的制备 ·· 89
  4.4 ▶ 羧酸及其衍生物 ··· 90
      实验 20　苯甲酸的制备 ·· 90
      实验 21　己二酸的制备 ·· 90
      实验 22　肉桂酸的制备 ·· 91
      实验 23　乙酸乙酯的制备 ··· 92
      实验 24　苯甲酸乙酯的制备 ··· 93
      实验 25　乙酰水杨酸的制备 ··· 95
      实验 26　乙酰苯胺的制备 ··· 96
      实验 27　己内酰胺的制备 ··· 97
      实验 28　对氨基苯磺酰胺的制备 ··· 98
  4.5 ▶ 含氮有机化合物 ··· 100
      实验 29　硝基苯的制备 ·· 100
      实验 30　间二硝基苯的制备 ··· 101
      实验 31　苯胺的制备 ·· 102
      实验 32　间硝基苯胺的制备 ··· 104
      实验 33　甲基橙的制备 ·· 105
      实验 34　1-苯基偶氮基-2-萘酚的制备 ·· 107
      实验 35　氯化三乙基苄基铵的制备 ··· 108
  4.6 ▶ 杂环化合物 ··· 109
      实验 36　呋喃甲醇和呋喃甲酸的制备 ·· 109
      实验 37　8-羟基喹啉的制备 ··· 110
      实验 38　巴比妥酸的制备 ··· 112
      实验 39　香豆素-3-甲酸的制备 ··· 113
  4.7 ▶ 糖衍生物 ·· 115
      实验 40　五乙酰葡萄糖的制备 ·· 115
      实验 41　羧甲基纤维素的制备 ·· 116
  4.8 ▶ 高分子化合物 ··· 117
      实验 42　脲醛树脂的制备 ··· 117
      实验 43　乙酸乙烯酯乳液的制备 ··· 118
  4.9 ▶ 金属有机化合物 ··· 120
      实验 44　正丁基锂的制备 ··· 120
      实验 45　二茂铁的制备 ·· 121
      实验 46　二环戊基二甲氧基硅烷的制备 ·· 122

4.10 ▶ 催化合成 ··· 124
实验 47　相转移法合成乙酸苄酯 ··· 124
实验 48　微波辐射法合成 β-萘甲醚 ·· 125
实验 49　电化学法合成碘仿 ·· 126
实验 50　辅酶维生素 B_1 催化合成安息香 ································· 127
实验 51　固体超强酸催化合成乙酸丁酯 ···································· 128

4.11 ▶ 天然产物提取 ·· 130
实验 52　茶叶中提取咖啡因 ·· 130
实验 53　烟叶中烟碱的提取和性质 ·· 131
实验 54　黄连中黄连素的提取 ··· 133
实验 55　青蒿叶中青蒿素的提取 ··· 134
实验 56　柑橘皮中果胶的提取 ··· 136
实验 57　西红柿中番茄红素和 β-胡萝卜素的提取······················· 137

4.12 ▶ 设计性实验 ·· 139
实验 58　苯丁醚的制备 ··· 139
实验 59　二苯甲醇的制备 ··· 139
实验 60　对氯苯乙酮的制备 ·· 139
实验 61　3-苯基-1-(4-甲苯基)-2-丙烯-1-酮的制备 ····················· 140
实验 62　乙酰二茂铁的制备 ·· 140
实验 63　对溴乙酰苯胺的制备 ··· 140

附录　141

附录 1 ▶ 常见试剂的纯化和处理 ·· 141
附录 2 ▶ 有机溶剂的互溶性 ··· 143
附录 3 ▶ 常见有机溶剂的回收和有机废液的处理 ························· 143
附录 4 ▶ 文献检索 ·· 145
附录 5 ▶ 常用干燥剂在 20℃时水蒸气压 ····································· 146
附录 6 ▶ ^{1}H NMR 中常见的溶剂残留 ·· 147
附录 7 ▶ 常见英文缩写与名称 ·· 148
附录 8 ▶ 常见有机官能团的定性检验 ··· 149

参考文献　152

第 1 章 有机化学实验基本知识

有机化学是一门以实验为基础的学科,源于实验并接受实验的检验。有机化学实验是有机化学学科体系的重要组成部分,它不仅是有机化学理论发展的源泉和动力,也是推动有机化学进步以及检验和评价有机化学理论的有效途径、方法和标准。有机化学实验课程是化学化工及相关专业十分重要的一门学科基础课,其教学任务是使学生正确掌握有机化学实验的基本操作技术,培养学生制备、分离、检验和鉴定有机化合物的能力,促使学生养成实事求是、认真严谨的科学态度和良好、规范的实验习惯。

1.1 有机化学实验室规则

1.1.1 实验室安全规则和注意事项

为了保证有机化学实验教学正常、有效和安全地进行,并确保实验人员、实验仪器设备以及实验室的安全,学生从第一次走进有机化学实验室起,就必须严格遵守有机化学实验室安全规则和注意事项:

① 按规定时间到指定实验室上课,不得无故迟到、早退或旷课。

② 进入实验室前,需认真预习实验内容,明确实验目的,弄清实验原理和操作步骤;进入实验室必须穿戴实验服,必要时需佩戴防护镜等防护工具,不得穿拖鞋、凉鞋等进入实验室。

③ 实验前应检查所用的实验仪器是否完好无损,实验装置是否安装正确,有无漏气、破裂等现象,确认无误后,方可开始实验。若发现问题,应及时向指导教师报告并进行更换。实验中,不得使用与本实验无关或其他组的器材。

④ 严格遵守实验室的规章制度,服从指导教师和实验技术人员的指导,保持良好的实验秩序;严禁在实验室内吸烟、饮水或进食;不准串组,不准任意出入实验室,不得在实验室内喧哗和打闹。

⑤ 注意安全,凡涉及剧毒、易燃、易爆、腐蚀性、放射性、强光源和高压气体等危险物品的实验,必须在教师指导下严格按操作规程进行操作,严防意外发生。如发生事故,应

保持冷静，迅速采取适当措施防止事故扩大（如切断电源等），并及时向指导教师报告。

⑥ 实验试剂不得入口，应避免试剂与皮肤直接接触，按需取用，未经许可不得将药品携出实验室外；在取用有毒试剂时更须小心，不得接触伤口，更不能将有毒试剂随便倒入下水管道；禁止随意混合各种试剂，以免发生意外。

⑦ 提倡独立思考、科学操作、细致观察、如实记录，自觉培养严谨求实的科学作风和积极探索、勇于创新的科学品质。实验过程中，不得离开实验岗位，对所进行实验的危险性要有充分的认识。

⑧ 爱护仪器设备，节约用水、用电和实验材料；实验结束后，应将个人台面打扫干净，清洗、整理所用仪器，值日生负责整理公用仪器和药品，保持实验室卫生；离开实验室前，关闭水、电、气。

⑨ 熟悉安全用具如灭火器、沙箱以及急救药箱的放置地点和使用方法，并妥加爱护。安全用具及急救药品严禁挪作他用。

⑩ 实验数据须经指导教师检查、确认可靠后签字，学生方可离开实验室。课后应及时整理实验记录，认真撰写实验报告。实验报告要求叙述简明扼要、条理清晰、字迹工整、图表规范。对于因某项实验不合格需要重做者，或者未按规定时间做实验需要补做者，必须经指导教师批准后才能重做或补做。

1.1.2 实验室事故的预防、处理与急救

有机化学实验使用的药品种类繁多，多数属易燃、易挥发、有毒、有腐蚀性或爆炸性的，使用的仪器大部分是玻璃制品，若操作不慎，极易发生起火、中毒、烧伤、爆炸和割伤等事故。因此，在有机化学实验过程中，应严格遵守实验流程，规范操作。实验室工作人员也应充分认识到有机化学实验潜在的危险性，主动接受培训，提高警惕。

1.1.2.1 事故的预防

(1) 个人防护

有机化学实验操作中，一般从身体、眼睛和手等方面加强对实验人员的个人防护。

在普通实验中，建议实验人员穿长袖棉质或棉质-聚酯的实验服，不要选用合成纤维织物和尼龙制品，因为合成纤维织物防渗透性差，液体可完全透过而不被吸收，且在火灾中易熔化而烧伤人体，而尼龙制品在热或酸环境下极易被损坏；若在实验中存在液体喷溅、刺激性气体、或对人脸部皮肤有损伤风险时，应佩戴专业眼护具和面部防护装备等，如图 1-1 所示；若实验中试剂存在较大的危害，应佩戴手套进行防护，手套可以是塑料、乳胶和橡胶材

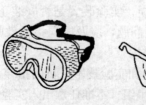

(a) 封闭式眼罩　　(b) 带侧光板型眼镜　　(c) 全面罩

图 1-1　眼护具

质的，具体使用类型应与试剂渗透能力和风险种类相关，如图1-2所示；特定情况下，可能还需要安全鞋和安全帽等。

(a) 塑料手套　　　　　(b) 乳胶手套　　　　　(c) 橡胶手套

图1-2　手套

（2）火灾的预防

实验室中使用的有机溶剂大多数是易燃的，因此起火是有机实验中常见的事故。预防火灾的基本原则有以下几点：

① 操作易燃溶剂时，实验装置应远离火源；切勿将易燃溶剂放在敞口容器中直接加热，加热必须在水浴中进行。实验室常见的易燃溶剂有低沸点的烃、醇、醚、酮和酯类，尤其是乙醚、乙醇、丙酮和二硫化碳等。

② 实验装置所有接头部分应确保连接紧密，不漏气，且无应力。若发现漏气，应立即停止加热，检查原因；蒸馏装置的尾气出口也应远离火源，最好用橡胶管引至通风橱或室外。

③ 回流或蒸馏易燃溶剂时，应在烧瓶内放置数粒沸石（或碎瓷片或分子筛）以防爆沸，严禁采用明火加热，瓶内液体体积不超过容器容积的2/3或低于1/3，且加热速度需适中，避免局部过热。

④ 使用油浴加热时，应防止外部液体尤其是冷凝水溅入热油浴中，而导致迸溅及起火。

⑤ 处理大量易燃溶剂时，应在通风橱或指定地方进行，室内应无火源。

（3）爆炸的预防

实验室中预防爆炸的措施有以下几点：

① 仪器装置的搭建必须正确，否则有发生爆炸的危险。进行常压蒸馏或回流操作时，整个系统不能密闭，应与大气连通；进行减压蒸馏操作时，应事先检查玻璃仪器是否存在裂痕，是否能承受系统设定的压力，应选用圆底烧瓶作为接收瓶，不能用锥形瓶等不耐压容器；蒸馏过程中，不能将液体蒸干，以免局部过热或过氧化物高度浓缩而引起爆炸；若加热后发现未加入沸石，应停止加热，等体系冷却后再行补加；冷凝水应保持畅通。

② 切勿使易燃、易爆气体接近火源，应避免明火和电火花。

③ 使用乙醚等醚类溶剂时，必须检查有无过氧化物存在。如果发现有过氧化物存在，使用硫酸亚铁等还原剂除去过氧化物后，方能使用，该操作应在通风橱中进行。

④ 使用金属钠时，应避免与卤代烃接触，不能用于卤代烃类试剂的干燥，且残余的钠屑必须收集并使用乙醇进行处理。

⑤ 对于易爆固体，如重金属乙炔化物、苦味酸金属盐、三硝基甲苯等，都不能重压或撞击，以免引起爆炸；对于这类危险物质的残渣，也必须小心销毁。例如重金属乙炔化物可用浓盐酸或浓硝酸分解，重氮化物可在大量水中缓慢加热使之分解等。

⑥ 有些有机物遇氧化剂会发生猛烈的爆炸或燃烧，操作或存放时应格外小心。

图 1-3　钢化玻璃防护罩

⑦ 遇到有爆炸危险操作时，应在通风橱内进行并将通风橱柜门拉下，只留 5～10cm 空隙，或将钢化玻璃防护罩（图 1-3）置于装置前进行保护，从侧面进行操作。

(4) 中毒的预防

① 使用有毒或有较强腐蚀性的药品时应严格按照有关操作规程进行，不能用手直接接触这类化学药品，不得入口或接触伤口，操作时必须戴橡胶手套。实验后的有毒残渣必须作妥善而有效的处理，不得随意丢弃或随便倒入下水管道。实验后，应及时洗手。

② 反应过程中可能生成有毒或有腐蚀性气体的实验应在通风橱内进行，并且还需加装尾气吸收装置，使用后的器皿应及时清洗和处置。

③ 实验中若发现有头晕、头痛等中毒症状，应立即转移到空气新鲜的地方休息，严重者应立即送往医院救治。

(5) 触电的预防

使用电器时，应防止人体与电器导电部分直接接触；不能用湿手或手握湿的物体接触电源插头。为防止触电，装置和设备的金属外壳等都应连接地线。实验完成后应先关闭仪器，再将连接电源的插头拔下。

1.1.2.2　事故的处理与急救

(1) 火灾的处理

实验室一旦发生失火事故，不能惊慌失措，应保持镇静，室内全体人员应积极有序地进行灭火，一般采取如下相应的措施：首先应立即切断电源，熄灭附近所有的火源防止火势扩大，并移开附近的易燃物质，紧接着再根据具体火灾情况立即进行灭火。当火势不可控时，实验人员应立即撤离并拨打火警电话 119。

有机化学实验室灭火，常采用隔绝空气法使燃烧的物质熄灭，通常不能用水，否则可能会引起火势蔓延造成更大的灾害。如果油类着火，要用干砂子或灭火器灭火，也可撒上干燥的固体碳酸氢钠粉末；如果电器着火，应先切断电源，然后用二氧化碳灭火器或四氯化碳灭火器灭火（注意：四氯化碳蒸气有毒，在空气不流通的地方使用有危险！），绝不能用水和泡沫灭火器灭火，因为水能导电，会使人触电甚至死亡；如果衣服着火，切勿奔跑，应立即在地上打滚，邻近人员可用湿毛毡或湿棉被一类物品盖在其身上，使之隔绝空气而灭火。

总之，失火时应根据起火的原因和火场周围的情况，采取不同的方法灭火。无论使用哪一种灭火器材，都应从火的四周开始向中心扑灭，将灭火器喷口对准火焰底部进行灭火。

(2) 割伤和烫伤的处理

在玻璃仪器的使用和玻璃工的操作中，常因操作不当或失误而发生割伤或烫伤的情况。若发生此类事故，可用如下方法处理：对于割伤，应先取出玻璃片，用蒸馏水或双氧水清洗伤口，搽上碘酒或涂敷云南白药后用纱布包扎，若伤口严重、流血不止，应在伤口上方约 10cm 处用纱布扎紧，压迫止血，紧急送往医院就诊；对于烫伤，较轻者将烫伤部位在冷水中浸 10～15min，涂玉树油或鞣酸油膏，较重者涂烫伤膏后立即送往医院诊治。

(3) 化学灼伤的处理

强酸、强碱和强氧化剂等化学药品接触皮肤均可引起化学灼伤，使用时应格外小心。一旦发生这类化学灼伤，应按下列情况处置：

① 酸灼伤。眼睛上，应抹去溅在眼睛外面的酸，立即用洗眼器冲洗，伴随眨眼，再用 1% $NaHCO_3$ 溶液清洗，然后滴入少许医用香油；皮肤上，应用大量水冲洗，再用 5% $NaHCO_3$ 溶液清洗，然后涂上油膏、包扎；衣服上，迅速脱掉衣服，冲洗皮肤，并依次用水、稀氨水和水冲洗衣服。

② 碱灼伤。眼睛上，抹去溅在眼睛外面的碱，水冲洗后，用饱和硼酸溶液淋洗，再滴入医用香油；皮肤上，先用大量水冲洗，再用饱和硼酸溶液或1%乙酸溶液清洗，涂上油膏、包扎；衣服上，迅速脱掉衣服，冲洗皮肤，衣服随后用大量水冲洗。

③ 溴灼伤。眼睛受到溴蒸气刺激时，将盛有酒精的容器去塞，将眼部置于瓶口处注视片刻；皮肤上，应立即用水冲洗，涂上油膏，包扎伤处。

④ 钠灼伤。将可见的小块钠用镊子移去后，用大量水冲洗，再以1%硼酸溶液清洗，涂上油膏、包扎。

上述各种急救方法，仅为暂时减轻疼痛的措施，若灼伤势较重，应在急救之后及时送往医院治疗。

（4）中毒的处理

溅入口中而尚未吞咽的有毒物质应立即吐出，并用大量水冲洗口腔；如已吞下，应根据毒物的性质服用相应的解毒剂，立即送往医院急救。

① 腐蚀性毒物中毒。对于强酸性毒物，应先饮用大量的水，再服氢氧化铝凝胶或鸡蛋清；对于强碱性毒物，也需先饮用大量的水，然后服用食醋、酸果汁或鸡蛋清。不论酸性或碱性毒物中毒，都需饮用大量牛奶，不可吃呕吐剂。

② 刺激性及神经性毒物中毒。应先服用牛奶或鸡蛋清使之缓和，再服用硫酸镁溶液催吐，或将手指伸入喉部催吐，送往医院救治。

③ 吸入气体中毒。应将中毒者移至室外，解开衣领及纽扣，呼吸新鲜空气；吸入大量氯气或溴蒸气者，还需用碳酸氢钠溶液漱口；严重者应立即送往医院。

（5）急救用具

实验室内的消防器材和急救药箱，应置于明显且易得的位置。学生在进实验室前应熟悉和知晓急救用具的使用方法和存放位置。

① 消防器材。包括泡沫灭火器、干粉灭火器、二氧化碳灭火器、沙、石棉布和毛毡等（图1-4）。

图1-4 消防器材与喷淋装置

② 急救药箱。内备碘酒、紫药水、双氧水、饱和硼酸溶液、1%乙酸溶液、5%碳酸氢钠溶液、70%酒精、甘油、凡士林、烫伤油膏、磺胺药粉、医用香油、洗眼杯、创可贴、绷

带、纱布、药棉、棉签、橡胶管、镊子、剪刀等。

③ 喷淋装置。一般位于走廊等公共位置，通常配有洗眼器。

1.2 有机化学实验基本程序

1.2.1 实验预习

实验前的充分预习和准备，是成功做好有机化学实验的重要环节。实验预习，除了反复阅读实验内容、领会实验目的与原理、了解实验步骤和注意事项外，还需要在实验记录本上简明扼要地写好预习报告。预习报告通常包括以下内容：

① 实验目的和要求。
② 主反应和主要副反应的反应方程式。
③ 查阅并列出主要试剂的理化常数、规格及用量。
④ 正确而清楚地画出反应装置图。
⑤ 简述实验步骤及操作，不是照抄教材实验内容，列出粗产品纯化过程及原理。
⑥ 对于实验的关键环节或实验中可能出现的现象和问题（尤其是安全问题），重点标注并给出其解决措施和方法。

1.2.2 实验记录

实验记录是科学研究的第一手资料，须对实验全过程进行详细的观察和记录，如实记录原料的规格和用量、主要操作步骤、反应温度和颜色变化、物态变化（沉淀的产生或消失、气体的产生或吸收等）、产物的收率、仪器名称、实验起止时间以及各种测定值的原始数据等。实验记录必须完整、清晰，且应保证自己与他人均能理解，并可按记录重复实验，数据不可弄虚作假。

1.2.3 实验报告

实验报告是对实验的总结，是分析问题和知识理性化的必要步骤。撰写实验报告，有利于培养学生撰写科技论文的能力，充分体现学生对实验理解的深度和综合解决问题的素质。这部分工作在课后完成，实验报告应该做到简明扼要、条理清楚、字迹工整、图表清晰，内容包括：

① 实验名称：作为实验题目出现。
② 实验目的：简述实验所要求达到的目的。
③ 实验原理：简要介绍实验的基本原理，包括主反应和主要副反应的反应方程式。
④ 实验用品：写明所用仪器的名称、型号和所用试剂的规格、用量、物理常数等。
⑤ 实验装置图：画出主要实验仪器的装置图。
⑥ 实验步骤及操作：要求简明扼要，尽量用表格、框图和符号表示，不要全盘抄书。
⑦ 实验讨论和结论：对实验结果和产品进行分析，对实验中的问题和现象做出解释，对实验提出建设性建议；写出做实验的体会，完成课后思考题，通过讨论总结提高和巩固实验中所学的理论知识和实验技术。

实验报告格式如下：

有机化学实验报告

姓　名_____　　　班　级_____　　　学　号_____
日　期_____　　　实验室_____　　　指导教师_____

实验名称：_____　成绩_____

一、实验目的
　　（目的和要求）
二、实验原理
　　（主反应和主要副反应的方程式）
三、主要试剂及产物的物理常数

名称	摩尔质量/(g/mol)	沸点或熔点/℃	投料量/g 或 mL	投料比	物质的量/mol	理论产量/g 或 mL

四、仪器装置图
　　（画图）
五、实验步骤及操作
　　（具体步骤和过程）
六、实验结论
　　（产品的表征和产率）
七、讨论
　　（本次实验合格或失败的原因，对实验的建议）
八、思考题
　　（教材后的思考题）

1.3　常用玻璃仪器、装置和设备

1.3.1　常用玻璃仪器

　　有机化学实验经常用到玻璃仪器，选用适合的玻璃仪器并正确使用，对实验人员来说是十分必要的。玻璃是由 SiO_2 与其他化学物质熔融在一起，形成的具有无规则结构的非晶态固体。根据玻璃中主要氧化物的种类和含量，可将玻璃分为钠钙玻璃、硼硅玻璃和中性玻璃。

　　钠钙玻璃中 SiO_2 含量约为 70%，B_2O_3 含量约为 0~3.5%，是最早使用且使用量最大的玻璃，其价格相对便宜，但耐温、耐腐蚀性较差，主要用于不耐温仪器的制作，如普通漏斗、量筒、吸滤瓶和干燥器等，也称为软质玻璃。硼硅玻璃和中性玻璃中 B_2O_3 含量相对较高，其耐温、耐腐蚀性较强，所制成的仪器可以在温度变化较大的情况下使用，如烧瓶、烧杯和冷凝管等，也称为硬质玻璃。

有机实验室常用玻璃仪器分为普通玻璃仪器和标准磨口玻璃仪器两种。普通玻璃仪器有锥形瓶、烧杯、量筒、量杯、抽滤瓶和普通漏斗等（图1-5），标准磨口玻璃仪器有圆底烧瓶、三口烧瓶、蒸馏头、冷凝管和接引管等（图1-6）。磨口接头有锥形和球形两类，国内较常用的是锥形磨口接头，采用国际通用的 1∶10 锥度，大端直径的系列值为 5mm、7mm、10mm、12mm、14mm、19mm、21mm、24mm、29mm、34mm、40mm、45mm、50mm、60mm、71mm、85mm、100mm，且对应为标准接头的编号。例如，19/26，表示大端直径和磨面轴向长度的数值分别为 19mm 和 26mm，为 19# 磨口。标准磨口玻璃接口尺寸标准化、系列化，能方便快捷地将各部件组装成各种成套装置。学生使用的常量实验仪器一般是 19# 磨口仪器，半微量实验多用 14# 磨口仪器。

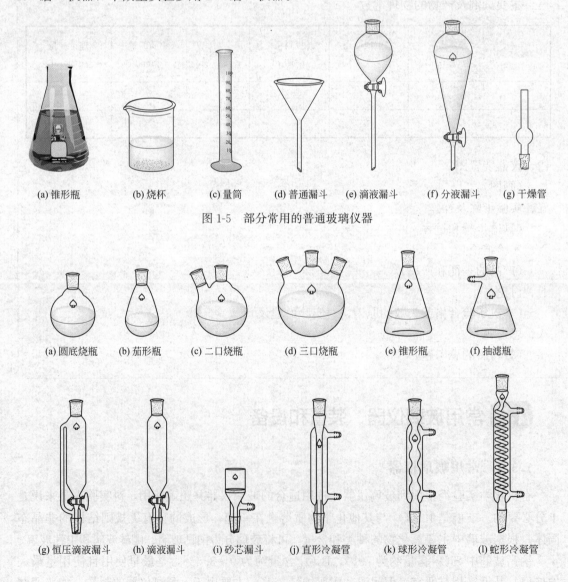

(a) 锥形瓶　　(b) 烧杯　　(c) 量筒　　(d) 普通漏斗　　(e) 滴液漏斗　　(f) 分液漏斗　　(g) 干燥管

图 1-5　部分常用的普通玻璃仪器

(a) 圆底烧瓶　　(b) 茄形瓶　　(c) 二口烧瓶　　(d) 三口烧瓶　　(e) 锥形瓶　　(f) 抽滤瓶

(g) 恒压滴液漏斗　　(h) 滴液漏斗　　(i) 砂芯漏斗　　(j) 直形冷凝管　　(k) 球形冷凝管　　(l) 蛇形冷凝管

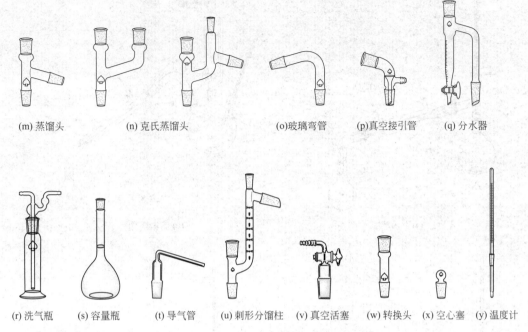

图 1-6　部分常用的标准磨口玻璃仪器

在使用玻璃仪器时，应注意：

① 使用前认真检查玻璃仪器是否有划伤、崩损、缺口或裂纹，有上述缺陷的玻璃仪器应立即废弃并更换。

② 除硬质试管外，避免明火直接加热玻璃仪器，加热时应垫石棉网。

③ 安装玻璃仪器时，应注意接口处要对齐，做到横平竖直，不应受歪斜的应力而使仪器破裂。

④ 一般情况下，磨口处无须涂润滑剂，以免污染反应物和产物。若反应中有碱性物质，则应涂润滑剂，以免内外磨口因碱腐蚀而发生黏结；若进行减压蒸馏，应适当地涂抹真空脂。

⑤ 玻璃仪器使用完毕后应及时清洗干净，不得粘有固体物质，特别是磨口处必须洁净，避免用去污粉擦洗磨口，防止划伤磨口而造成磨口处连接不紧密。

⑥ 磨口仪器长时间放置后易黏结，较难拆开。如果发生黏结切不可蛮力拆卸，应加热（热水浸泡或电吹风吹热）黏结处使其外口膨胀而脱落，或轻轻且均匀敲打黏结处，再尝试拆卸。

1.3.2　常用实验装置

（1）蒸馏装置

有机化学实验中，根据实验条件和处理对象，常用的蒸馏方法有简单蒸馏（包括共沸蒸馏和滴加蒸馏）、减压蒸馏（包括毛细管减压蒸馏）、分馏和水蒸气蒸馏等，装置图见图 1-7。

（2）回流装置

当有机化学反应需要在溶剂或反应物沸点附近进行时，需采用回流装置。常用的回流装置图见图 1-8。

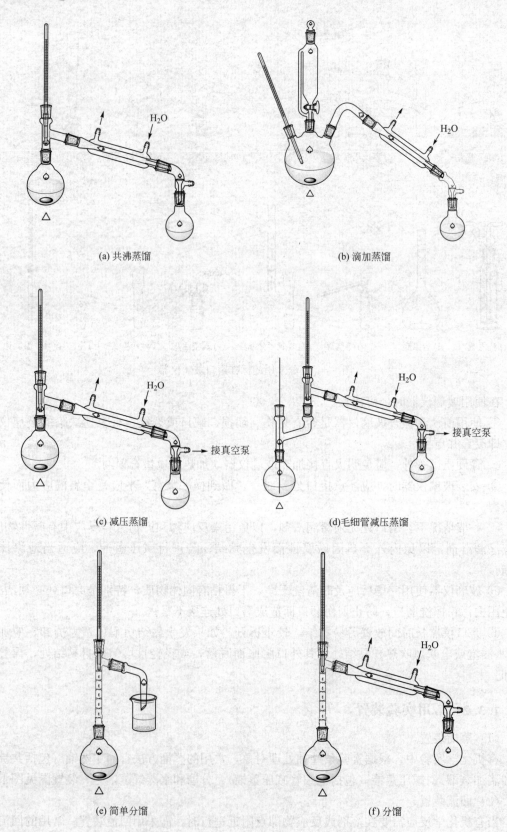

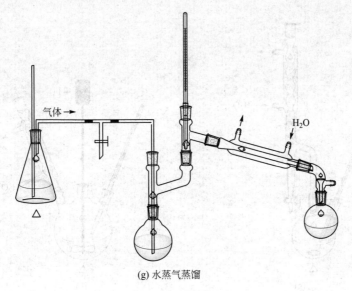

(g) 水蒸气蒸馏

图 1-7 蒸馏装置图

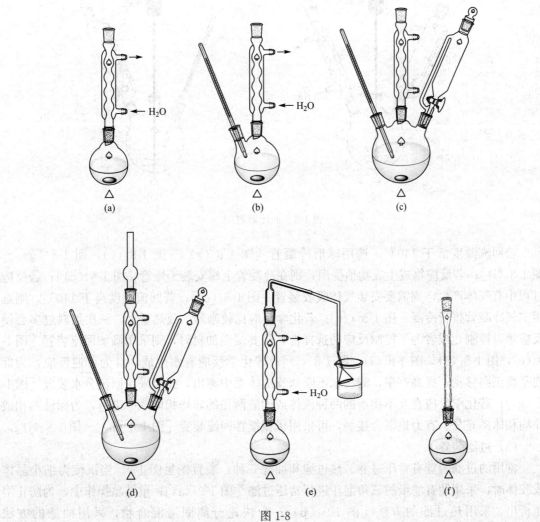

图 1-8

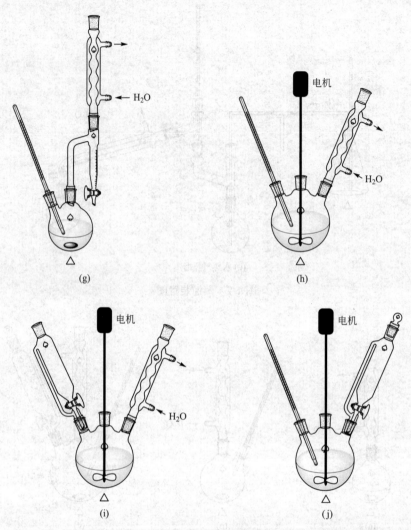

图1-8 回流装置图

若回流温度低于140℃，选用球形冷凝管［图1-8（a）～图1-8（e），图1-8（g）～图1-8（i）］；若反应物或生成物怕受潮，则在冷凝管上端安装干燥管［图1-8（d）］；若反应过程中有气体产生，则需要安装气体吸收装置［图1-8（e）］；若回流温度高于140℃，则选用空气冷凝管进行冷凝［图1-8（f）］；若化学反应比较剧烈，放热量大，一次加料过多会使反应难以控制，或者为了控制反应的选择性，需要缓慢加料时，则采用滴加回流装置［图1-8（c），图1-8（d），图1-8（i），图1-8（j）］；若化学反应有水生成，且为可逆反应，为促使平衡正向移动，提高产率，需将水不断从反应体系中蒸出，此时采用回流分水装置［图1-8（g）］；若化学反应在互不相溶的两种液体或固液两相的非均相体系中进行，为保证两相或非均相体系充分、有力地混合接触，可采用机械搅拌回流装置［图1-8（h）～图1-8（j）］。

（3）过滤装置

常用的过滤装置有常压过滤、热过滤和抽滤三种，装置图见图1-9。当沉淀为细小晶体或胶体时，采用铺有滤纸的三角漏斗进行常压过滤［图1-9（a）］；重结晶操作中，为防止溶质析出，采用热过滤的方法［图1-9（b）］；为快速分离固液混合物，采用抽滤的方法

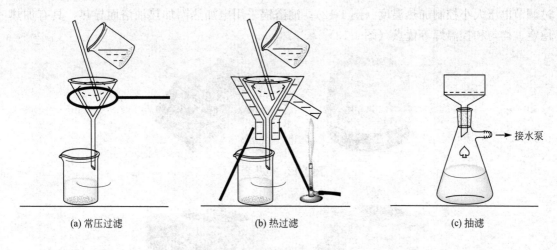

(a) 常压过滤　　　　　　(b) 热过滤　　　　　　(c) 抽滤

图 1-9　过滤装置图

[图 1-9（c）]。

（4）提取装置

索氏（Soxhlet）和梯氏（Thielepape）提取器，可以实现溶解度小或难提取物质的连续、多次提取，将提取物在烧瓶中富集（图 1-10）。

（5）升华装置

常压升华装置可由罩有漏斗的蒸发皿［图 1-11（a）］或上方烧瓶通冷却水的烧杯［图 1-11（b）］组成。减压升华装置可由通冷却水且带有抽气口的硬质试管组成［图 1-11（c）］。

1.3.3　机电设备

（1）加热设备

实验室中常用的加热设备是电加热套（又称电热套或加热包）和电热油浴锅（又称油浴锅）。电热套是一种简便、快捷、无明火和热效率高的加热设备，通

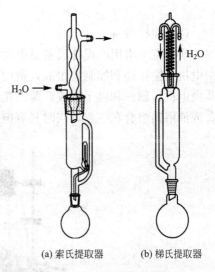

(a) 索氏提取器　　(b) 梯氏提取器

图 1-10　提取装置图

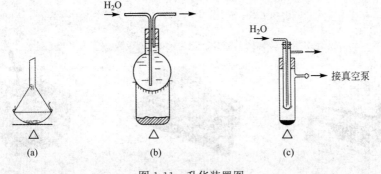

(a)　　　　　(b)　　　　　(c)

图 1-11　升华装置图

过调节电压大小控制加热温度（图1-12）；油浴锅采用电加热圈加热油浴而导热，具有加热稳定、均匀和控温好等优点（图1-13）。

图1-12　电热套

图1-13　电热油浴锅

（2）搅拌设备

实验室中常用的搅拌设备是电动搅拌器（又称机械搅拌器）和磁力搅拌器。电动搅拌器由电机、搅拌棒和控制器组成，适用于油水或固液等非均相反应体系（图1-14）；磁力搅拌器由电机、磁铁和磁子组成，是均相反应体系的理想搅拌设备［图1-15（a）］，可以与电热套或油浴锅组合在一起，同时具有搅拌和加热功能［图1-15（b），图1-15（c）］。

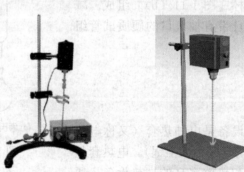

图1-14　机械搅拌器

(a) 普通磁力搅拌器　　　(b) 磁力搅拌电热套　　　(c) 磁力搅拌油浴锅

图1-15　磁力搅拌器

(3) 称量设备

液体试剂的取用一般使用量筒、量杯或移液管,固体试剂的称量一般使用托盘天平或电子天平(图1-16)。

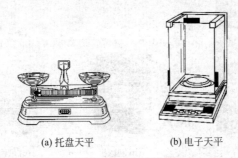

(a) 托盘天平　　　　(b) 电子天平

图1-16　天平

(4) 干燥设备

实验室中常用的干燥设备有干燥箱(包括鼓风干燥箱、真空干燥箱和红外干燥箱)和干燥器(普通干燥器、真空干燥器和气流烘干器)。鼓风干燥箱又称为烘箱,用于干燥玻璃仪器或烘干加热时不分解、无腐蚀的样品[图1-17(a)];真空干燥箱用于烘干加热时易分解的样品[图1-17(b)];红外干燥箱采用红外线干燥,穿透性强、干燥快[图1-17(c)]。

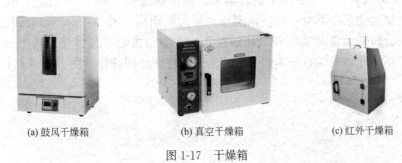

(a) 鼓风干燥箱　　　　(b) 真空干燥箱　　　　(c) 红外干燥箱

图1-17　干燥箱

普通干燥器用于干燥易吸湿或高温干燥易分解或变色的固体物质[图1-18(a)];真空干燥器在较低压力下干燥样品,提高了干燥效率[图1-18(b)];气流干燥器借助热空气将插在风管上的玻璃仪器烘干,快速且方便[图1-18(c)]。

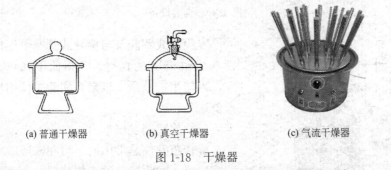

(a) 普通干燥器　　　　(b) 真空干燥器　　　　(c) 气流干燥器

图1-18　干燥器

(5) 制冷设备

冰箱、制冰机和低温冷阱是实验室中常用的制冷设备。冰箱用于储存需要低温保存的试剂和样品［图1-19（a）］，制冰机用于制造实验用冰块和碎冰［图1-19（b）］，低温冷阱主要用于低温液浴实验和制造低温冷却循环液［图1-19（c）］。

(a) 冰箱　　　　　(b) 制冰机　　　　　(c) 低温冷阱

图1-19　制冷设备

（6）真空设备

实验室中常用水泵（喷水泵、循环水泵）和真空泵（隔膜泵、旋片式真空泵等）来产生真空。喷水泵主要利用文丘里效应产生真空，耗水量较多［图1-20（a）］；循环水泵可将流出的水重新打入进水口而达到节水的目的，一般可获得8～15mmHg（1mmHg＝133.322Pa）的低级真空，主要用于旋转蒸发、抽滤等过程［图1-20（b）］。隔膜泵利用单向阀，采用往复运动获得真空，真空范围与水泵大致相当［图1-20（c）］；旋片式真空泵通过内部旋片的旋转带动泵油实现对气体的吸入、压缩和排除等过程获得约1mmHg的高真空，主要用于高沸点物质的减压蒸馏和一些物质的特殊处理过程［图1-20（d）］。

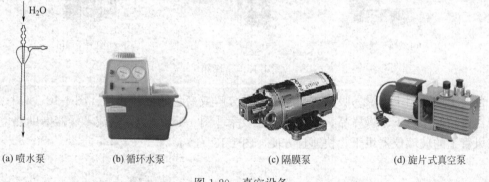

(a) 喷水泵　　　(b) 循环水泵　　　(c) 隔膜泵　　　(d) 旋片式真空泵

图1-20　真空设备

隔膜泵或罗茨泵与旋片式真空泵组成泵组，可获得0.01mmHg的真空。获得低于0.001mmHg的真空，需使用扩散泵，该泵在实验中使用较少，在此不再赘述。

（7）旋转蒸发仪

旋转蒸发仪是常用的、可在常压或减压下操作的浓缩溶液、回收溶剂的理想装置，由可旋转的蒸发器（圆底烧瓶）、冷凝器和接收器组成（图1-21），既可一次进料，也可分批或连续进料。

图1-21　旋转蒸发仪

(8) 实验台和通风橱

实验台提供了开展实验的场所,并在相应的位置引入水源和电源 [图 1-22 (a)]。通风橱可以保持实验环境具有良好的通风,防止毒害和爆炸等危害 [图 1-22 (b)]。

(a) 实验台

(b) 通风橱

图 1-22 实验台和通风橱

1.4 试剂的种类和存储

1.4.1 试剂的种类

按国家标准 GB/T 15346—2012,化学试剂分为通用试剂、基准试剂和生化试剂等三类,其中通用试剂又分为优级纯、分析纯和化学纯三级,不同级的试剂在试剂瓶上以不同的颜色标注,应用范围也不尽相同,见表 1-1。

表 1-1 试剂的分类和应用

项目	级别		标签颜色	应用领域
试剂	通用试剂	优级纯(GR)	深绿色	精密分析,科研工作
		分析纯(AR)	金红色	一般分析,科研工作
		化学纯(CP)	中蓝色	日常分析,教学实验
	基准试剂		深绿色	化学测量,生物测量 工程测量,物理测量
	生化试剂		玫红色	生化检测,临床医学

1.4.2 试剂存放的一般原则

根据试剂的性质不同,采用不同的存放方式。

① 在空气中易变质的试剂应隔绝空气保存,包括易被氧化的试剂(如 Fe^{2+} 盐、苯酚)、易吸收 CO_2 的试剂(如 NaOH、Na_2O_2)、易潮解的试剂(如 P_2O_5、$CaCl_2$)、易风化的试剂(如 $Na_2CO_3 \cdot 10H_2O$)等。

② 见光或受热易分解的试剂,应保存在棕色瓶或不透明塑料瓶中且置于阴凉处,如 $AgNO_3$、H_2O_2 等。

③ 低沸点、易燃、易挥发试剂,应拧紧瓶盖,置于阴凉通风处,且与其他易产生火花

器物隔离放置，远离明火。

④ 强碱性试剂、易腐蚀玻璃的试剂，如 NaOH 溶液、氟化物等，应使用橡胶塞或保存在塑料瓶中。

⑤ 特殊试剂一般需要分类单独存放。例如钠、钾等活泼金属应保存在煤油中，白磷应保存在水中，液溴应保存在磨口棕色细口瓶中，碘应保存在蜡封的棕色瓶中等。

1.4.3 试剂的纯化与干燥

某些化学反应，对试剂或溶剂需要进行特殊处理。例如苯发生 Friedel-Crafts 反应，要求原料苯中不能含有噻吩和水；卤代烃制备 Grignard 试剂时，溶剂四氢呋喃或乙醚必须严格无水等。附录 1 列出了一些常用试剂和溶剂的处理方法，附录 2 列出了常见溶剂的互溶性，更多详细内容可参阅 Armarego W. L. F. 等编著的《Purification of Laboratory Chemicals》(7th Ed 2012)。

实验室中使用专门的溶剂处理装置对溶剂进行无水处理，如图 1-23 所示。处理完成的溶剂可通过三通旋塞放出或由顶部注射器口抽取，多余溶剂则放回至蒸馏瓶中。

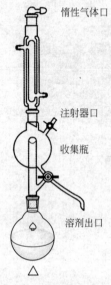

图 1-23 溶剂处理装置

1.4.4 废弃化学品的处理

实验室运行中所产生的各种废弃化学品，其处理过程和方法需特别关注。

废弃化学品严禁擅自处理，严禁倾倒至垃圾箱，严禁排放至下水管网或交由没有经营资质的单位处置，应该按照相关规定，建立废弃化学品管理制度和程序，进行分类收集、储存，然后交由特许经营单位处理，确保不扩大污染，避免交叉污染。对于实验室工作人员和学生，还应进行相应的教育和培训，树立环保和绿色化学观念。

废弃化学品主要分为以下五类：① 优先控制的废弃化学品，主要包括：铅、镉、汞、氟、多氯代苯、三氯苯酚、五氯苯酚、五氯硝基苯、六氯乙烷、六氯环己烷、六氯丁二烯、多氯联苯、溴苯醚、氧芴、硫丹、芘、苯并芘、䓛、䓛烯、蒽、菲、二噁英、二甲戊乐灵、环氧七氯、甲氧氯、氟乐灵和多环芳烃化合物等；② 实验中产生的废弃化学品，主要包括：无机酸及其相关化合物，无机碱及其相关化合物，有机酸及其相关化合物，有机碱及其相关化合物，卤代有机溶剂及其相关化合物，非卤代有机溶剂及其相关化合物，氧化剂及其过氧化物，有毒金属，致癌物质，自燃性物质，爆炸性物质，不明废弃化学品等；③ 过期、失效或残余的实验室报废试剂；④ 实验过程中被污染的实验耗材等废弃物；⑤ 盛装过化学试剂、无明显残留的空瓶或容器。

按照上述分类方法对废弃化学品进行收集、包装和储存，应满足以下要求：

① 盛装容器应完好无损，为封闭容器，材质应满足强度要求且不与废弃化学品反应。在盛装液体、半固体时，容器内需留有足够的空间。

② 盛装容器上应贴有显著标签，标明成分、化学品名称、危险类别、危险情况及相应的安全措施，还需注明单位、地点、联系人、电话及日期等信息。

③ 若采用混合方式储存废弃化学品，每次向容器中倒入废弃物时，均需登记化学品的

名称、数量和混入时间。

④ 保持盛装容器处于良好状态，如有严重生锈、损坏或泄露，应立即更换。废弃化学品储存到一定数量，应及时申请清运。

⑤ 对于废弃前需处理的特殊废弃化学品，请参阅《Prudent practices in the laboratory: handling and disposal of chemicals》一书。

常见有机溶剂的回收和有机废液的处理见附录 3。

1.5 有机化学文献资源

有机化学文献资源分为一级资源和二级资源两类。一级资源是指实验室发表的原始研究成果，例如论文、专利、学位论文和会议论文集等；二级资源是指收集、整理一级资源的各种出版物，例如索引、图书等。

1.5.1 一级资源

（1）化学类综合性期刊

①《Nature》（1869 年至今），世界上最早的国际性科技期刊，英国杂志，报道和评论全球科技领域的重大发现和突破，其子刊物《Nature Chemistry》报道化学领域里的重大研究成果。

②《Science》（1883 年至今），美国科学进步联合会官方杂志，涉及科学相关的所有领域，也发表化学领域的重要研究成果，为全球最权威的学术期刊之一。

③《Journal of the American Chemical Society》（1879 年至今），是 Washington DC：American Chemical Society 出版的化学、化学综合和材料类期刊，是化学和材料大领域的龙头。

④《Angewandte Chemie International Edition》（1962 年至今），德国应用化学，由 Wiley 公司出版，主要收录有机化学、生命有机化学、材料学和高分子化学等领域的研究成果，化学领域的顶级期刊，分德语版和英语版。

⑤《Chemical Communication》（1965 年至今），英国皇家化学会期刊，最大的通用化学通讯期刊，发表了跨越全部化学科学范围的快讯，从纳米科学到超分子化学，从合成方法学到有机材料。

（2）有机化学相关的重要期刊

①《Journal of Organic Chemistry》（1936 年至今），美国化学会期刊，发表有机化学领域的最新研究成果，除全文外，还报道小的专题综述及国际会议文集。

②《Organic Letters》（1999 年至今），美国化学会期刊，发表最新有关有机化学重大研究的简报，包括生物有机化学和药物化学、物理和理论有机化学、天然产物分离及合成、新的合成方法、金属有机化学和材料化学等。

③《Tetrahedron》（1957 年至今），国际性期刊，发表具有突出重要性和及时性的实验及理论研究成果，主要是在有机化学及其相关应用领域，尤其是生物有机化学领域。

④《Tetrahedron Letters》（1959 年至今），国际性期刊，发表实验和理论有机化学在技术、结构、方法研究的最新进展。

（3）专利

专利一般可从各专利组织的网站免费下载，谷歌也免费提供美国专利检索及原文下载服务，Science Citation Index 数据库中的 Dewernt 专利数据库（1973 年至今）提供有偿服务。

① 美国专利商标局（United States Patent and Trademark Office，http：//www.uspto.gov/），专利检索界面为 http：//patft.uspto.gov/。

② 欧洲专利局（European Patent Office，http：//www.epo.org/），专利检索界面为 http：//worldwide.espacenet.com/，提供包括欧洲专利、世界专利和其他地区与组织专利。

③ 中国国家知识产权局（State Intellectual Property Office of the People's Republic of China，http：//www.sipo.gov.cn），专利公布公告网址为 http：//epub.sipo.gov.cn/。

1.5.2 二级资源

（1）标题列举

标题列举是简单的二级资源。目前这种二级资源模式已不再使用印刷版形式，可以通过刊物提供的期刊列表、作者、主题和引用等检索方式而在线获得，还可以通过谷歌学术（scholar.google.com）等互联网引擎搜索得到。

标题列举具有一定的实用价值，但由于不涉及论文的具体内容，更加精确的检索仍需使用专门的二级文献检索工具。

（2）化学文摘

化学文摘（Chemical Abstracts，CA）是由美国化学会化学文摘社（Chemical Abstracts Service of American Chemical Society，CAS of ACS）编辑出版，1907 年创刊，报道几乎涵盖化学及化学相关的所有领域，内容来源于 9500 余种学术刊物，是世界上最大、最完善的索引，也是化学工作者不可或缺的首选检索工具。目前，化学文摘 80 个部分中的 21～34 部分的内容与有机化学相关。

CA 有纸质、光盘和网络版三种，现使用较多、较便捷的是 CA 网络版，SciFinder 是其客户端程序，提供用户友好的图形界面，提供分子结构、化学反应式等多种检索方式，检索结果可进一步分析和优化，还可提供许多原始文献的数据链接和引文链接（附录 4）。SciFinder 强大的检索功能，可让化学工作者通过网络直接查看 CA 自创刊以来所有的期刊文献、专利摘要和 6000 多万种化合物的记录，为了解和把握最新科技前沿和动态提供了强有力的技术支持和保障。

（3）贝尔斯坦、盖墨林和 Reaxys

贝尔斯坦（Beilstein）和盖墨林（Gmelin）数据库为现今世界上享有盛誉的最庞大和最全面的化合物性质与实验数据库，编辑工作由德国 Beilstein Institute 和 Gmelin Institute 完成，分别负责收集有机化合物、有机金属化合物和无机化合物资料。自 2011 年 1 月起，原先的 Beilstein 数据库下线，由在线版 Reaxys 数据库取代。

Reaxys 数据库是 Elsevier 公司推出的一款新颖实用的化合物检索和有机合成路线设计的工具，是 CrossFire Beilstein/Gmelin 的升级，也是 CAS SciFinder 强有力的竞争对手（附录 4）。Reaxys 数据库将原先的 Beilstein、Gmelin 和专利化学数据库的内容整合为统一的资源，并精心挑选 400 余种化学核心期刊的内容进行加工处理，该库现已包含超过 3500 万个反应、2200 万种物质、2100 余万条文献，检索界面简单易用，检索结果可视化，并可智能生成一条或多条有机合成路线。

（4）科学引文索引

科学引文索引（Science Citation Index，SCI）是美国科学信息研究所（Institute for

Scientific Information，ISI）于 1961 年创办出版的引文数据库，Thomson Reuters 公司产品。SCI 与 EI（工程索引）、ISTP（科技会议录索引）是世界著名的三大科技文献检索系统，是国际公认的进行科学统计与科学评价的主要检索工具，SCI 位列国际著名检索系统之首。

SCI 以 Bradford S. C. 文献离散律理论、Garfield E. 引文分析理论为基础，通过论文在某学科内的影响因子、被引频次、即时指数等量化指标，对学术期刊和科研成果进行多方位评价。历经五十多年的发展，SCI 数据库已成为目前国际上最为重要的大型数据库，已成为最具权威的、用于基础研究和应用基础研究成果评价的重要体系。SCI 收录主要涉及数、理、化、农、林、医、生物等基础科学研究领域，收录刊物来源于 40 多个国家、50 多种文字。

（5）常用图书和手册

某些图书和手册，有针对性地对有机化学特定内容进行收集和整理，非常实用，可节省大量检索时间。例如：《CRC Handbook of Chemistry and Physics》《Lange's Handbook of Chemistry》《Aldrich Handbook of Chemistry》、Carey F. A. 等著《Advanced Organic Chemistry，Part A：Structure and Mechanism；Part B：Reactions and Synthesis》5th Ed、Smith M. B. 等著《March's Advanced Organic Chemistry：Reactions，Mechanism and Structure》6th Ed、Vogel A. I. 等著《Vogel's Textbook of Practical Organic Chemistry》5th Ed、Armarego M. L. F. 等著《Purification of Laboratory Chemicals》7th Ed、程能林等著《溶剂手册》第五版等。

第 2 章 有机化学实验基本操作技术

有机化学实验的基本操作主要包括玻璃仪器的洗涤与干燥、试剂的取用、加热及冷却、搅拌与振荡、过滤、重结晶、萃取、干燥、蒸馏、回流、色谱技术和无水无氧操作等。正确掌握有机化学实验的基本操作技能，培养学生严谨、科学的实践能力，是本课程重要的教学任务之一。

2.1 玻璃仪器的洗涤与干燥

2.1.1 玻璃仪器的洗涤

有机化学实验中经常使用各种玻璃仪器（图 1-5、图 1-6）。如果仪器不洁净或有污物，会直接影响实验结果甚至导致实验失败，因此有机化学实验必须使用清洁的玻璃仪器。洗涤玻璃仪器时，应根据实验要求、污物的性质和沾污的程度来选择合适的洗涤方法和洗涤剂。

① 洗涤的一般方法是将毛刷淋湿，蘸取洗衣粉或去污粉刷洗仪器内外壁，然后用水冲洗干净。毛刷应适用于玻璃仪器形状，如烧瓶刷、烧杯刷、冷凝管刷等。

② 一般方法难以洗净时，可根据污垢性质选用适当的洗液进行洗涤。如果是酸性（或碱性）污垢，则用碱性（或酸性）洗液洗涤，如果是有机污垢，则用碱液或有机溶剂洗涤。具体操作是：洗涤前尽可能倒尽仪器内的残留物和水，然后倒入约 1/5 体积的洗液，倾斜仪器并慢慢转动，让器壁全部被洗液湿润，浸泡一段时间后将洗液倒回洗液瓶，再用自来水或蒸馏水冲洗干净。

需要注意的是，洗液具有强腐蚀性，使用时不能用毛刷蘸取；若不慎洒在衣物、皮肤或桌面上，应立即用水冲洗；洗液洗涤后的首次冲洗液应倒入废液缸，不能倒入水槽，以免腐蚀下水管道和污染环境。

玻璃仪器是否清洁的标志是：加水倒置，水顺着器壁流下，内壁被水均匀润湿，有一层既薄又均匀的水膜，不挂水珠。

2.1.2 玻璃仪器的干燥

干燥玻璃仪器通常采用以下方法。

① 晾干。对于不急用的玻璃仪器,可将仪器倒置,沥干或置于鼓风干燥器上沥干。

② 烘干。将洗净的玻璃仪器倒置于干燥箱中,控温在 100~120℃,约 30min 后取出,冷却后即可使用。需要注意的是,取出烘干的玻璃仪器时,应以干布衬手,以免烫伤;取出后热的玻璃仪器,不能碰水,以防炸裂;热的玻璃仪器若自行冷却,器壁上常会凝结水汽,可用电吹风吹入冷/热风避免水汽凝结。

③ 速干。洗涤后急需使用的玻璃仪器,可加入少许乙醇/丙酮,摇洗后,使用电吹风吹干:先冷风吹扫 1~2min,待大部分溶剂挥发后,再热风吹扫至完全干燥,最后吹入冷风冷却。

④ 容量器皿等不耐温玻璃仪器不能在烘箱中烘干,否则会影响仪器精度。可用少量待盛溶液润洗 2~3 次后,采用晾干或冷风吹干的方法。

2.2 试剂的取用

实验用液体和固体试剂应按需取用。试剂一旦取出,不能再放回原瓶,以免污染瓶中试剂,多余试剂可放入指定的容器内。

2.2.1 液体试剂

一般情况下,取用液体试剂可采用倾倒、吸取和量取的方法。

(1) 倾倒

取下试剂瓶盖,倒置于实验台上,右手掌心正对标签握住试剂瓶,左手持量筒或试管并倾斜一定角度,缓慢倒出瓶中液体 [图 2-1(a)]。倾倒完成后,在保持试剂瓶口与量筒口(试管口)接触的情况下,缓慢竖直试剂瓶后再移开,以免液体沿试剂瓶外壁流下。

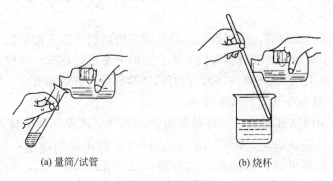

(a) 量筒/试管　　(b) 烧杯

图 2-1　倾倒液体

将液体试剂转移至烧杯时,应采用玻璃棒引流,玻璃棒下端应低于烧杯口上沿且与烧杯内壁接触 [图 2-1(b)]。倾倒完成后,试剂瓶紧贴玻璃棒并竖直,瓶口无液体流出后再与玻璃棒分开。

(2) 吸取

从滴瓶中吸取液体试剂时,须使用滴瓶配带的滴管。先提起滴管使管口离开液面,用手指捏紧滴管上部的胶头，排出其中的空气，再将滴管插入试剂瓶液面以下，放松手指即可吸取液体试剂。滴加时，严禁将滴管伸入容器内，严禁滴管接触容器内壁（图2-2），严禁滴管管口向上倾斜（以免液体试剂回流到胶头中，腐蚀胶头，污染试剂）。一个滴管只能吸取一种试剂，不能混用。

（3）量取

量筒量取液体试剂时，先采用倾倒法倒入大部分试剂后，再用滴管补足液体试剂至刻度。读数时应注意视线与液面的弯月面保持平齐，不能仰视或俯视读数（图2-3）。移液管可准确移取一定体积的液体试剂，其使用方法见《无机及分析化学实验》中滴定分析基本操作及常用量器的使用与校正。

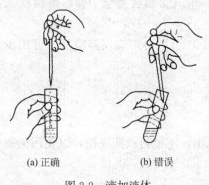

(a) 正确　　　(b) 错误

图 2-2　滴加液体

图 2-3　读数时的视线

2.2.2 固体试剂

一般情况下，取用固体试剂分为取出和称量两步。

（1）取出

固体试剂通常用干净的药匙取出，每种试剂专用一个药匙（用过的药匙必须洗净擦干后才能再用，以免沾污其他试剂）。常用的药匙有塑料匙、牛角匙和不锈钢匙。

（2）称量

称取一定量的固体试剂时，应根据试剂的性质，将试剂放置于称量纸上或表面皿、称量瓶、烧杯、烧瓶等干燥洁净的玻璃容器内，用合适的天平进行称量。有机实验室中常用天平的感量从 0.0001～0.1g 不等（图1-16），而有机实验称量允许误差在1%左右。例如称量大于1g样品，使用感量为0.01g的天平即可。

称量时，多采用两次称量法，即样品质量为两次称量之差。两次称量法在称量过程中都包含相同的误差（零点误差、砝码误差等），因此在称量值相减时，误差可以大部分抵消，使称量结果更准确可靠。常用的两次称量法是固定质量称量法（适用于不吸潮、不分解的稳定样品）和差减称量法（适用于易吸潮、易氧化的不稳定样品），在此不再赘述。

2.2.3 气体试剂

气体钢瓶是存储压缩气体和液化气体的高压容器，最高工作压力为 15 MPa。气体钢瓶外表涂有特定颜色的底漆，并用特定颜色汉字标明气体种类，见表2-1。

表 2-1 常用气体钢瓶颜色

气体名称	钢瓶颜色	字样颜色	气体名称	钢瓶颜色	字样颜色
O_2	天蓝色	黑色	Cl_2	草绿色	白色
H_2	绿色	红色	CO_2	黑色	黄色
N_2	黑色	黄色	Ar	灰色	绿色
NH_3	黄色	黑色	HC≡CH	白色	红色
空气	黑色	白色	石油气	灰色	红色

由于实际使用气体时的压力往往较低,而钢瓶内气体压力通常都较高,为了得到稳定的气流和压力,钢瓶需要安装减压阀才能正常使用。减压阀一般为弹簧式减压阀,依据手柄转动方向分为正扣和反扣两种(图 2-4)。转动大手柄时,从钢瓶压力表上可知瓶内压力,转动针阀时,可控制气体流量和出口压力。

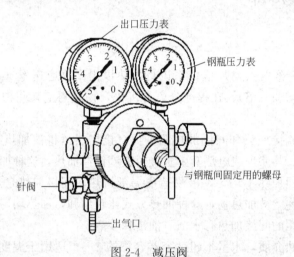

图 2-4 减压阀

使用气体钢瓶尤其需要注意的是:①钢瓶应置于阴凉、干燥、远离热源处;②氧气钢瓶应与可燃性气体分开存放,并使用专门氧气减压阀;③氢气钢瓶最好置于防爆气瓶柜内;④减压阀不能混用,安装减压阀时注意与钢瓶螺纹方向的匹配,应紧密连接不能漏气;⑤钢瓶内气体绝对不能全部用完,一般应保持 0.05MPa 以上的残余压力,以防止重新充气或以后使用时发生危险。

对于实验室通过化学反应制备的气体的使用,应首先对气体进行净化,继而进行必要的干燥,再在气路中设置安全瓶后才能将气体引入反应装置。通常情况下气体的净化,可选用某些液体或固体试剂,分别装填于洗气瓶或干燥塔(图 2-5)中,通过物理吸附、化学吸收或反应等过程,达到除杂的目的;气体的干燥则应依据气体特性选择适宜的干燥剂(表 2-2);安全瓶可以防止气路压力不平衡而引发倒吸等情况的发生。

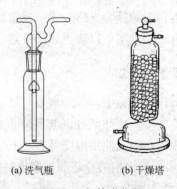

图 2-5 气体净化器

表 2-2　常用的气体干燥剂

干燥剂	适于干燥的气体
CaO、KOH	NH_3、胺类
碱石灰	NH_3、胺类、O_2、N_2
$CaCl_2$	H_2、O_2、N_2、HCl、CO_2、CO、SO_2、烷烃、烯烃、氯代烷、乙醚
$CaBr_2$	HBr
CaI_2	HI
H_2SO_4	O_2、N_2、Cl_2、CO_2、CO、烷烃
P_2O_5	H_2、O_2、N_2、CO_2、CO、SO_2、乙烯、烷烃

2.3 加热及冷却

2.3.1 加热

有机化学实验中，经常要对反应体系进行加热以提高反应速率（通常反应温度每提高10℃，反应速率就会增加一倍），在提纯分离有机化合物及测定某些物理常数时，也常常需要加热。

加热操作可分为直接加热和间接加热两种：直接加热是将被加热物直接放在热源上加热，例如在煤气灯上、马弗炉或电热套中直接对玻璃仪器加热，这种加热方式比较猛烈，热效率高，升温迅速，但加热不均匀，极易造成局部过热；间接加热是热源加热某些导热介质，介质再将热量传递给被加热物，这种加热方式比较温和，加热均匀，温度容易控制，但升温较慢。实验中常用的间接加热有水浴、油浴和砂浴。

水浴：以水为导热介质，水量不超过容器容积的 2/3，适用于温度在 40～100℃之间的加热操作。需注意的是随时补充水浴锅中的水，防止蒸干。

油浴：以导热油为介质，装置与水浴相似，适用于温度在 40～250℃之间的加热操作。油浴所能达到的最高温度取决于导热油的种类，例如石蜡油最高使用温度为 200℃，甘油可加热至 220℃，硅油和真空泵油可加热至 250℃。需注意的是油浴温度较高，应防止灼伤，且防止水溅入油中产生泡沫或引起迸溅；当油浴严重冒烟时，应立即停止加热，防止油浴燃烧。

砂浴：以细砂为导热介质，通常将细砂装在金属盘中，反应容器半埋在砂中，并保持其底部留有一层砂层，以防止局部过热，适用于温度在 250～350℃之间的加热操作。

2.3.2 冷却

有机化学实验中，也经常要对反应体系进行冷却，以避免反应过于剧烈和温度过高，这就需要冷却剂。冷却剂可以起到降温的作用，其选择应依据所需的温度和待转移的热量而定。常用冷却剂及使用温度见表 2-3。

① 水，最常用的冷却剂，廉价易得且热容大，用于冷却所需温度在 0℃以上的体系。

② 冰-水混合物，常用冷却剂，冷却效果比水好，冰在使用时应碎成块状，用于冷却所需温度在 0℃的体系。

表 2-3　常用冷却剂及使用温度

冷却剂	使用温度/℃
水	>0
冰-水	0
冰-氯化钠	-20～-5
干冰-乙二醇	-11
干冰-四氯化碳	-23
干冰-3-己酮	-38
干冰-乙腈	-41
干冰-氯仿	-61
干冰-乙醇	-72
干冰-丙酮	-78
液氮-乙酸乙酯	-84
液氮-甲醇	-98
液氮-乙醇	-116
液氮-戊烷	-131

③ 冰-盐混合物，常用冷却剂，冷却效果比冰-水混合物好，可方便地获得0℃以下的温度。冰与不同的盐混合，或以不同的比例混合，可达到不同的低温。例如，碎冰与其质量1/3的粗盐混合，可得到-21.3℃的低温；100g 碎冰与143g 结晶氯化钙混匀，可得到-54.9℃的低温，这也是冰-盐混合物所能达到的最低温度。

④ 干冰-溶剂混合物，低温冷却剂，可获得-78～-10℃的温度。由于混合物制冷量较小，应在冷却剂中加入过量的干冰，且使用杜瓦瓶（Dewar flask，图 2-6），以减少体系与外界的热交换。需注意的是，干冰在粉碎过程中应使用铁研钵，不能使用瓷研钵；干冰加入溶剂时会产生大量泡沫，操作时应戴护目镜和手套。

图 2-6　杜瓦瓶

⑤ 液氮-溶剂混合物，低温冷却剂，可获得-131～-84℃的温度。需注意的是，在注入液氮前，杜瓦瓶必须彻底干燥。

2.4 搅拌与振荡

为保证各组分充分混合和接触，反应体系（均相和非均相）通常需要加以搅拌或振荡，以促使各组分快速均匀分布，还可避免局部浓度过高或过热。有机反应中经常使用的搅拌方式主要有玻璃棒搅拌、磁力搅拌、机械搅拌。

2.4.1 玻璃棒搅拌

玻璃棒，玻璃质细长棒状简易搅拌器，主要用来加速溶解、引流、转移固体、蘸取液体检测 pH 值和引发反应等，在化学实验中使用频率极高，是必不可少的实验用品之一。

玻璃棒搅拌（图 2-7）用于迅速地将固体溶解在液体中，或者将多种液体混合均匀，搅拌时以一个方向搅拌，尽量不要碰撞容器内壁和底部，不要用力过猛，以免玻璃棒折断；玻璃棒还可用于蒸发时搅拌，防止液体因局部过热而引起飞溅；某些简单有机反应也采用玻璃棒搅拌来加速各组分的混合和接触。

2.4.2 磁力搅拌

磁力搅拌是利用电机带动磁铁转动，继而带动聚四氟乙烯等材料包裹的磁子（搅拌子）转动，从而达到搅拌的目的。磁力搅拌适用于密闭体系（如减压蒸馏、催化加氢等）或小规模反应的搅拌，操作简单快捷，是目前有机实验中使用最多的搅拌方法。

根据反应器的形状和搅拌要求，可选用不同形状的磁子，如图 2-8 所示。磁力搅拌中，应注意反应温度不超过 180℃，否则易引起磁子消磁，影响搅拌效果。

图 2-7　玻璃棒搅拌

图 2-8　磁子形状

2.4.3 机械搅拌

机械搅拌是电机通过长杆带动搅拌棒桨叶转动，而达到搅拌的目的，也称为电动搅拌，适用于油-水、固-液等非均相反应体系或稍黏稠体系。对于较黏稠的胶状体系，宜选用大功率电机，并在使用时注意观察，避免因电机负荷过重而发热烧毁。

安装机械搅拌装置时，应先确定烧瓶高度并固定好，之后转动搅拌棒桨叶至合适位置将搅拌棒插入烧瓶，借助瓶底将桨叶展开，套上搅拌棒套管（支撑搅拌棒，避免搅拌棒在转动时发生摆动）（图 2-9），将搅拌棒末端与电机转轴接连（可用胶管接连或用螺母固定）。然后调整电机高度，使搅拌棒距离瓶底 2～5mm，并处于垂直状态；调整套管磨口与烧瓶磨口完全结合，并调整螺母松紧程度适中（太紧，搅拌棒转动困难，阻力大；太松，接口处会漏气）。最后进行空转检查，接通电源前应确保转速调节钮处于最低转速处，通电后逐级调节转速，装置运行时不应出现摆动，不应因摩擦出现较大的声响，在较高转速下也能平稳运行。

机械搅拌装置搭建好之后，可继续安装其他仪器，或者投入物料进行反应。

2.4.4 振荡

振荡常用于试管内溶液混合和萃取等操作中，在混匀物料时远不如搅拌重要。对于混

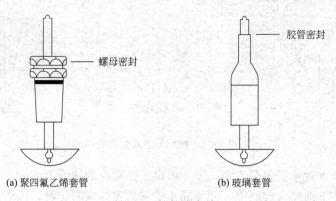

(a) 聚四氟乙烯套管　　(b) 玻璃套管

图 2-9　搅拌棒套管

合物中含有机械强度较小的物质（如树脂球等），长时间搅拌会使其破碎，此时可用振荡的方法进行混匀操作。如需长时间振荡或快速混匀时，可使用机械振荡装置（如漩涡振荡器等）。

2.5 过滤

过滤是固-液分离时最常用的操作方法。当固-液混合物流经过滤器时，固体留在过滤器上，称为滤饼，液体通过过滤器进入容器中，称为滤液。过滤的方法有常压过滤、减压过滤和热过滤三种，装置图见图 1-9。

2.5.1　常压过滤

最简单的常压过滤是用铺有滤纸的三角漏斗过滤：取圆形滤纸一张，直径约为漏斗直径的 2 倍，将滤纸对折、再对折后，从中间分开形成锥形，与漏斗内壁贴紧（图 2-10）；或者将滤纸折叠成类似扇面状折皱，即将滤纸对折、再对折后，将边缘 2、1 与边缘 2、4 对齐并对折形成 2、5 折线，边缘 2、3 与边缘 2、4 对齐并对折形成 2、6 折线。打开滤纸，将边缘 2、1 与边缘 2、6 对齐并对折形成 2、7 折线，边缘 2、3 与边缘 2、5 对齐并对折形成 2、8 折线。进一步将边缘 2、1 与边缘 2、5 对齐并对折形成 2、10 折线，边缘 2、3 与边缘 2、6 对齐并对折形成 2、9 折线，此时半圆形扇面被九条线分成 8 个部分。最后改变折叠方向，将边缘 2、1 与 2、10 对折，边缘 2、10 与 2、5 对折……8 个部分依次对折，得扇面状滤纸。将扇面打开，得槽纹形滤纸（图 2-11）。需要注意的是，不要折叠滤纸中心处，否则易导致中心处破裂。

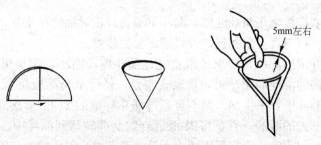

图 2-10　锥形滤纸的折叠

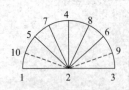 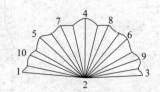 

图 2-11 槽纹形滤纸的折叠

折叠好的滤纸放置于三角漏斗中,漏斗固定于铁架台的铁圈上或固定于漏斗架上。调节固定高度,使漏斗下部伸入容器中,并使漏斗底部与容器内壁接触,以防止滤液在流下过程中发生迸溅。左手持玻璃棒,玻璃棒底部与滤纸接触,右手持烧杯,烧杯边缘与玻璃棒接触。倾斜烧杯,使固-液混合物缓慢沿玻璃棒流入滤纸上,混合物加入量应保证不会沿滤纸边缘溢出。

滤纸根据其孔径大小用于不同性质的沉淀分离。细孔滤纸分离效果好,但过滤慢;粗孔滤纸过滤快,但不适用于分离分散得较细的沉淀和浑浊的悬浊液。若发现滤液呈现浑浊,则表明滤纸无法分离该混合物,此时应添加助滤剂(石棉、硅藻土和活性炭等),将助滤剂与待滤溶液预先搅拌混合后,再进行过滤。需要注意的是,助滤剂只能在沉淀弃去时使用。

2.5.2 减压过滤

减压过滤又称为抽滤或真空过滤,是利用真空设备使抽滤瓶中压力下降,达到加速固-液分离的目的。减压过滤时可使用布氏漏斗、砂芯漏斗和赫氏漏斗(图 2-12):固体量小于 2g 时,使用具有玻璃孔板的赫氏漏斗;固体量大于 2g 时,使用容积更大的布氏漏斗;若滤液有强酸性或强氧化性,则使用砂芯漏斗以避免溶液与滤纸作用。砂芯漏斗不适用于过滤强碱性溶液。

  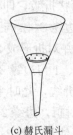

(a) 布氏漏斗　　　(b) 砂芯漏斗　　　(c) 赫氏漏斗

图 2-12 漏斗

用带孔的橡胶塞连接漏斗与抽滤瓶,漏斗下端斜口正对抽滤瓶支管,支管处用耐压橡胶管与安全瓶连接后,再与真空泵相连,即搭建好抽滤装置。

抽滤前应先剪好圆形滤纸,要求滤纸直径比漏斗内径略小,完全覆盖漏斗筛板上的小孔,用与待滤液相同的溶剂润湿滤纸,启动真空泵,使滤纸与筛板贴紧。然后将固-液混合物用玻璃棒引流至漏斗中,一次加入量不可超过漏斗容量的 2/3。多次加入固-液混合物时,漏斗中应有未抽滤下去的溶液,直至将固-液混合物全部转移到漏斗中。为挤出固体表面吸附的溶液,可用扁平勺或空心塞挤压固体。无液滴滴下时,停止抽滤。停止抽滤时,应先开启安全瓶上的放空阀,使体系与大气相通,再关闭真空泵,取下漏斗。

将漏斗倒扣于表面皿或托盘上,用洗耳球从漏斗下口向漏斗内吹气,使滤纸和固体沉淀脱离漏斗,或用扁平勺将滤纸和固体沉淀直接取出,得到固体产品;液体产品则直接从抽滤瓶上口倒出,切不可从抽滤瓶支管口倒出。

2.5.3 热过滤

热过滤即过滤时保持滤液温度,防止溶质在温度下降时析出,该操作在重结晶过程中经常用到。

保持滤液温度最直接的方法就是采用加热装置对过滤时的滤液加热。常用的加热装置是盛有水的铜质夹套,玻璃漏斗置于夹套内,采用煤气灯加热夹套间的水,待水温升至所需温度即可过滤热的溶液,如图1-9(b)所示。热过滤操作与前述的常压过滤操作相同。由于使用明火,该方法只适用于重结晶溶剂为水的体系。

还可采用借助溶剂蒸气维持漏斗温度的方法,进行热过滤操作,如图2-13所示。锥形瓶中装有少许溶剂和沸石,置于电热板上加热至沸腾,利用溶剂蒸气对上方的短径漏斗和滤纸进行预热后,再过滤热的溶液。该方法不使用明火,适用于重结晶溶剂为有机溶剂的体系。

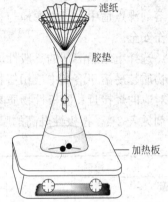

图 2-13 借助溶剂蒸气预热

考虑到热过滤时溶剂会挥发损失,为防止结晶析出,一般在需热过滤的饱和溶液中补加20%左右的溶剂,这样略微稀释的溶液在热过滤时即使有溶剂挥发也不会析出晶体,待过滤完成后,再将滤液置于电热板上加热,蒸除过多的溶剂,冷却后可充分析出结晶。

2.6 重结晶

重结晶是分离提纯固体有机化合物一种常用且重要的方法。绝大多数有机反应得到的固体,极少情况下是纯净的,通常都混有杂质。杂质是在合成过程中由副反应所产生的,可选用适当溶剂或混合溶剂进行重结晶予以去除。

重结晶的原理是利用混合物中各组分在某种溶剂(或混合溶剂)中溶解度不同而达到分离提纯的目的。固体有机化合物在溶剂中的溶解度受温度影响较大,一般而言,升高温度会使物质溶解度增大,而降低温度则使物质溶解度减小。加热溶解固体有机化合物形成热的饱和溶液,继而冷却,由于温度下降导致物质溶解度下降,原来热的饱和溶液变成了冷的过饱和溶液,因而有溶质晶体析出。而不同的有机化合物,其溶解度大小是有差异的,因此可利用重结晶操作实现固体混合物的分离。

例如:固体混合物中有两种物质 A 和 B,其中 A 为目标产物,B 为杂质(通常 B 含量不超过物质总量的5%),在特定溶剂 C 中,A 和 B 的溶解度不同,且相互间无影响。假设 B 比 A 更易溶解在 C 中,即 $s_B > s_A$,显而易见,经几次重结晶后,杂质 B 被留存于母液中,可以得到较纯的 A 晶体,A 的损失小;若 A 比 B 更易溶解在 C 中,即 $s_A > s_B$,经多次重结晶后,由于 B 的含量较低而被留存于母液中,可以得到较纯的 A 晶体,但 A 相对于前者损失较大,会有较大一部分也留存在母液中。

2.6.1 溶剂的选择

选择合适的重结晶溶剂，对于重结晶操作具有十分重要的意义。

合适的重结晶溶剂应具备以下特征：①与待纯化物质不发生化学反应；②待纯化物质溶解度随温度的变化较大，即在热的溶剂中溶解度较大，而在冷的溶剂中几乎不溶或溶解度较小；③杂质溶解度要么很大、要么很小，杂质溶解度很大时，可不随目标产物析出而留在母液中，杂质溶解度很小时，可在热过滤时除去；④目标产物易在溶剂中得到较好的晶形；⑤溶剂沸点适中，可方便地与目标产物分离并去除；⑥溶剂价廉易得，毒性低，回收率高且操作安全。

选择重结晶溶剂的一般性原则是：①溶剂与待纯化物质的化学和物理性质越接近，待纯化物质越易溶于溶剂中（相似相溶）；②同系物中化合物随碳原子个数增加，其溶解性与碳数对应的烃接近；③极性物质易溶于极性溶剂，非极性物质易溶于非极性溶剂。重结晶常用溶剂见表2-4，按极性升高的顺序排列。

表 2-4 重结晶常用溶剂及其性质

溶剂	沸点/℃	备注
环己烷	81	可燃
石油醚	40~90	可燃
CCl_4	77	不可燃,蒸气有毒
1,4-二氧六环	101	可燃,蒸气有毒
C_6H_6	80	可燃,蒸气毒性较大
$(CH_3CH_2)_2O$	35	可燃,避免使用
$CHCl_3$	61	不可燃,蒸气有毒
CH_2Cl_2	41	不可燃,有毒
CH_3COOH	118	难燃,辛辣气味
$CH_3COOC_2H_5$	78	可燃
CH_3COCH_3	56	可燃
CH_3CH_2OH	78	可燃
CH_3OH	65	可燃,有毒
H_2O	100	适用于任何情况

通常可通过试管实验来探索重结晶溶剂的类型和用量。具体操作是：取 0.1g 待纯化的固体放入试管（75mm×11mm 或 110mm×12mm）中，滴加所试溶剂并不断振荡，观察固体的溶解程度。当加到 1 mL 时，固体已溶解或将试管轻微加热固体就溶解，则表明该溶剂溶解能力太强，不宜选作重结晶试剂；若固体不溶，则按每次加入 0.5 mL 溶剂、每次都加热至沸腾的方法进行测试。若补加溶剂至 3 mL 且沸腾后，固体仍不溶解，则表明该溶剂溶解能力太差，不宜选作重结晶试剂，应考虑其他溶解性更好的溶剂；若加入 3 mL 溶剂后，沸腾时固体全部溶解或几乎全部溶解，则将试管冷却，观察有无结晶析出。若短时间内无结晶析出，可用玻璃棒刮擦试管液面下的试管壁，如果几次刮擦并用冰-盐混合物冷却后，结晶仍然没有出现，则这种溶剂也不适合；若有晶体析出，应记录下溶剂及析出固体的量。然后再使用其他溶剂，重复上述实验，直至找到最佳溶剂以及最佳溶质与溶剂的比例。在最佳

溶剂和最佳溶质与溶剂比条件下，沸腾时固体刚好全部溶解形成饱和溶液，而冷却时析出的晶体又快又多。

如果难以选择出合适的单一溶剂作为重结晶溶剂，可以考虑采用混合溶剂。混合溶剂一般由两种互溶的溶剂组成，待纯化固体易溶于其中一种溶剂，而难溶于另一种溶剂。具体操作是：先将待纯化固体溶于易溶溶剂中，加热至沸腾；在沸腾状态下逐渐加入难溶溶剂至溶液浑浊，再加入少许易溶溶剂，溶液又变澄清（该过程保持溶液微沸）；趁热过滤，冷却，结晶析出。常用混合溶剂见表2-5。

表 2-5　重结晶常用混合溶剂

混合溶剂	混合溶剂
乙醇-水	乙酸乙酯-环己烷
乙酸-水	乙酸乙酯-己烷
丙酮-水	丙酮-己烷
1,4-二氧六环-水	二氯甲烷-己烷
丙酮-乙醇	甲苯-己烷
乙醇-甲基叔丁基醚	甲基叔丁基醚-己烷

2.6.2　重结晶的步骤

重结晶操作的一般步骤包括选择溶剂、固体溶解、活性炭脱色、悬浮固体滤除、结晶、晶体的收集与洗涤和晶体的干燥等。

(1) 选择溶剂

通过查阅文献资料或者采用实验方法（见2.6.1），确定重结晶的最佳溶剂。

(2) 固体溶解

为了在溶液冷却时得到最大量的溶质结晶，减少待纯化物质在母液中的溶解损耗，溶解固体时应使用尽可能少的溶剂，即将溶剂加热至沸腾，使待纯化物质溶于最小量沸腾溶剂中形成饱和溶液。考虑到后续热过滤中溶剂的挥发以及可能的温度降低而引起的溶质溶解度降低，一般先加入比实际需求量略少的溶剂，再加入沸石，搭建好回流装置，将混合物加热至沸腾；通过冷凝管上口补加溶剂，直至得到澄清溶液（不溶性杂质除外），再补加20%左右的溶剂，沸腾5～10min。

(3) 活性炭脱色

有机反应中常常会产生一些有色杂质。有色杂质混在待纯化固体中，溶解时使溶液颜色加深，冷却时也会伴随晶体析出；某些树脂状杂质或微粒，还会堵塞滤孔，使过滤缓慢困难。上述情况下均需使用活性炭进行处理。

具体操作是：待纯化固体溶于上述合适量的沸腾溶剂后，稍冷至无沸腾现象，缓慢、分批加入活性炭（加入量为待纯化固体量的1%～5%）后，搅拌、煮沸5～10min，趁热过滤。若发现溶液或晶体颜色仍然较深，可再次用活性炭进行脱色处理。需要注意的是：切忌将活性炭加入到沸腾的溶液中，否则会引发爆沸致使溶液冲出容器而引发事故；活性炭也会吸附产品，用量不宜过多，否则会使产率下降。

(4) 固体的滤除

可采用倾泻、常压过滤、减压过滤和热过滤等方法滤除溶液中的不溶性杂质以及活性炭等不溶物质。倾泻法对于滤除颗粒状固体是可行的。例如滤除 Na_2SO_4 颗粒，可使用倾泻法。倾泻后残存在烧瓶或锥形瓶中的固体，应使用少量溶剂淋洗，尽可能回收多的产品。常压过滤、减压过滤和热过滤是除去溶液中的固体、活性炭颗粒或灰尘等最常用的方法，详细操作和图示见 2.5 和图 1-9。

（5）结晶

热过滤后的饱和溶液，在降温时，立即开始结晶。结晶过程中，应缓慢降温且避免晃动容器，以利于形成较大的晶体，否则形成的晶体细小，不易过滤且洗涤困难。当室温下晶体不再析出时，应将容器在冰浴下冷却，以期得到更多晶体。若降温过程中，无晶体析出，应向过饱和溶液中投入晶种，或用玻璃棒刮擦液面下的器壁，促使结晶产生。

（6）晶体的收集、洗涤和干燥

结晶完成后，过滤，将晶体与冷的母液分离，并用事先预冷的少量溶剂洗涤晶体，继而干燥（见 2.8.3），最后对产品进行测试和表征（见 3.1～3.6）。

2.7 萃取

萃取，也称溶剂萃取或抽提，是利用各组分在溶剂中溶解度不同来分离混合物的单元操作，是有机实验中常用的提取和纯化有机化合物的手段之一。

2.7.1 液-固萃取

液-固萃取，也称为提取，分为单次简单提取和多次/连续提取。

单次简单提取适用于易提取（如溶解度大）的有机化合物。具体操作是：将待提取固体研碎，加入合适量的溶剂后，置于烧瓶中加热回流一段时间，待回流完成后，趁热过滤或采用倾泻法分离固-液混合物，从而将待提取物提取至有机溶剂中。

多次/连续提取适用于难提取（如溶解度小或含量少）的有机化合物，通常使用特定的装置（如索氏提取器和梯氏提取器，图 1-10）自动进行。索氏提取器具体操作是：将待提取固体研细装入滤纸筒，滤纸筒置于索氏提取器中，溶剂从提取筒上口加入至虹吸管顶端，发生虹吸，再多加 30%（体积分数）的溶剂，加热；溶剂沸腾时，蒸气沿侧管上升在冷凝管处冷凝成热的液体流至提取筒内，与滤纸筒内的固体接触；当溶剂液面高度达到虹吸管顶端时发生虹吸，溶剂流回烧瓶中，同时部分被提取物质也随溶剂转移至烧瓶中，完成一次提取；继续加热，纯的溶剂蒸气再次重复上述过程，对固体进行多次提取；被提取物由于沸点较高，留存于烧瓶中，并不断得到富集。对于梯氏提取器而言，没有用于回液的虹吸管，而是冷凝后的热溶剂直接流经固体，再经提取器下口返回到烧瓶中，被提取物在烧瓶中连续不断地得到富集，最后，将圆底烧瓶中的溶液进行蒸馏，去除溶剂，即得到被提取固体。

2.7.2 液-液萃取

液-液萃取，也称为抽提，是利用物质在两种互不相溶或微溶的溶剂中分配系数或溶解度的不同，使溶质物质从一种溶剂内转移到另外一种溶剂中的方法，分为间歇萃取和连续萃取两种。

（1）萃取原理

物质同时接触极性差别较大的两种互不相溶的溶剂时（例如：水-有机溶剂），会以一定比例在两相中分配，达到平衡时，组分 A 的分配系数 K 为：

$$K = \frac{[A]_{\text{有机}}}{[A]_{\text{水}}}$$

式中，$[A]_{\text{有机}}$、$[A]_{\text{水}}$ 分别为组分 A 在有机相和水相中的浓度/活度，且存在形式相同。

某些情况下，组分 A 的存在形式会发生变化，例如发生解离、缔合或配位等，因此也用分配比 D 表示组分 A 在两相中各种形态的浓度和之比：

$$D = \frac{\sum [A]_{\text{有机}}}{\sum [A]_{\text{水}}} = \frac{c_{A,\text{有机}}}{c_{A,\text{水}}}$$

则萃取效率 E 可表示为：

$$E = \frac{c_{A,\text{有机}} \times V_{\text{有机}}}{c_{A,\text{水}} \times V_{\text{水}}} = \frac{D}{D + \frac{V_{\text{水}}}{V_{\text{有机}}}} \times 100\%$$

由此可见，D 值越大，萃取效率越高。在实际操作中，若采用等体积的萃取剂萃取，即 $V_{\text{有机}}/V_{\text{水}} = 1$，即使 D 值较小，经多次萃取后，也可获得较高的萃取效率。

（2）萃取剂的选择

常用的有机萃取剂，有的密度比水小（如石油醚、乙醚、甲苯、乙酸乙酯等），有的密度比水大（如二氯甲烷、氯仿、四氯化碳等）。选择萃取剂时，要求萃取剂对被提取物的溶解度大、与被提取液的溶解度小、对杂质的溶解度小，且毒性小和有适宜的稳定性。

一般情况下，对于难溶于水的被提取物可选择石油醚为萃取剂，对于易溶于水的提取物可选择乙醚或甲苯为萃取剂，对于易溶的物质可选择乙酸乙酯为萃取剂，对胺类物质则选择氯仿为萃取剂较理想。

萃取剂的用量通常为被提取液总量的 1/5～1/3。对于难以提取的物质，用量可增加到与被提取液总量相等。萃取剂总量一定时，分多次萃取比一次萃取效率高，一般以提取三次为宜。

（3）间歇萃取

间歇萃取，可使用锥形分液漏斗完成。所用分液漏斗的容积一般比被提取液体积大 1～2 倍，且萃取剂与被提取液体积之和不超过分液漏斗容积的 2/3。

萃取时，被提取液和萃取剂从分液漏斗上口加入，盖好塞子（塞子如有通气口，应转动使通气口处于关闭状态），用右手食指顶住塞子，其他手指握住漏斗，掌心与漏斗最大半径处接触。翻转右手，使漏斗下口斜向上呈 45°，左手顶压住旋塞，摇动或振荡漏斗［图 2-14（a）］，使液体在漏斗中振荡而使两相充分接触。在振荡漏斗时，应及时放气，以免内部压力过大而顶开旋塞导致液体喷出，通常每振荡 2～3 次放 1 次气（放气时，漏斗下口应指向斜上方无人处，缓慢旋转旋塞放气，如图 2-14（b）所示。放气过程中液体可能被夹裹冲出旋塞外，此时应等液体流回漏斗后，再关闭旋塞，重复振荡操作 2～3 次后，将分液漏斗置于铁圈中静置，打开顶部塞子或旋转旋塞使通气口处于开启状态［图 2-14（c）］。静置 5～10min，待两相液体完全分层后，打开旋塞，放出下层液体，上层液体从分液漏斗上口倒出。若两相分层不明显或出现乳化现象，可加入强电解质（如氯化钠）或少量消沫剂破乳后长时间静置分层；若两相间出现一些絮状物，应静置后分液弃去。

萃取通常需要重复多次。一般而言，在水中微溶的物质应萃取 2～3 次，在水中易溶的

(a) 正确握法

(b) 放气方法

(c) 静置方法

图 2-14　分液漏斗的使用方法

物质则需要萃取多次才能萃取完全（连续萃取更为有效）。萃取是否完全，可汲取少量最后一次萃取液，通过相应的检测方法予以确定。

溶于萃取液中的酸性或碱性杂质，应使用稀的碱性水溶液（如碳酸钠、碳酸氢钠）或酸性水溶液（如盐酸、硫酸）进行洗涤去除，再用饱和氯化钠溶液洗去残余的碱或酸。

（4）连续萃取

连续萃取，对于萃取在水中易溶的物质更为有效。当萃取剂密度低于被提取液时，使用图 2-15（a）的装置；当萃取剂密度高于被提取液时，使用图 2-15（b）的装置。具体操作过程与蒸馏操作类似，在此不再赘述。

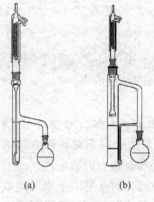

图 2-15　连续萃取装置

2.8　干燥

干燥是除去溶剂或试剂中少量水分的常用手段，分为物理方法和化学方法两种。物理方法是通过分子筛吸附、共沸蒸馏等物理手段除水，化学方法则是通过加入与水发生可逆（生成水合物，如 $CaCl_2$、$MgSO_4$）或不可逆反应（与水反应，如 Na、P_2O_5）的化学试剂的方法来除水。

2.8.1　干燥剂

目前实验室中最常见的除水方法是加入能与水生成结晶水或发生反应的干燥剂。根据被干燥对象性质的差异，应选用不同的干燥剂。常用干燥剂及其性质见表 2-6。

表 2-6　常用干燥剂及其性质

干燥剂	适用范围	干燥强度	干燥速度	备注
$CaCl_2$	R—H, CH_3COCH_3, R—O—R′, 中性气体，HCl（干燥器）	中等	较快	价廉，含碱性杂质
Na_2SO_4 $MgSO_4$	RCOOR′, 敏感试剂	弱，较弱	缓慢，较快	—
K_2CO_3	CH_3COCH_3, R—NH_2	较弱	慢	易吸潮

续表

干燥剂	适用范围	干燥强度	干燥速度	备注
$Mg(ClO_4)_2$	气体(包括氨气,干燥器)	—	—	适用于分析目的
硅胶	干燥器	—	—	
分子筛	有机溶剂,流动气体	强	快	
碱石灰	$R-NH_2$,$R-OH$,$R-O-R'$,中性或碱性气体	强	较快	适用于气体和低级醇类物质
Na	$R-O-R'$,$R-H$,R_3N	强	快	
NaOH KOH	NH_3,$R-NH_2$,$R-O-R'$	中等	快	易吸潮
CaH_2	惰性气体,$R-H$,$RCOR'$,$R-O-R'$,$RCOOR'$,CCl_4,$DMSO$,CH_3CN	—	—	
P_2O_5	中性或酸性气体,C_2H_2,CS_2,$R-X$,酸溶液(干燥器)	强	快	易吸潮,干燥气体时需与负载材料混合
H_2SO_4	中性或酸性气体(洗瓶)	—	—	不适于高温下真空干燥

干燥剂应不与被干燥物质发生化学反应,不溶于被干燥物质有机相,不起催化剂作用。例如,酸性物质不能使用碱性干燥剂,碱性物质不能使用酸性干燥剂。干燥剂不能与被干燥物质生成配合物($CaCl_2$可与醇、胺形成配合物)等。

干燥剂用量应适宜,一般为被干燥液体的5%~10%。干燥剂用量过少,干燥不彻底,干燥效果差;用量过大,会吸附有机相,造成产品损失。因此,干燥剂用量应根据实验情况确定。常用干燥剂的饱和蒸气压见附录5。

2.8.2 液体的干燥

用药匙向盛有被干燥液体的锥形瓶中分批加入固体干燥剂,摇匀,使之与液体充分混合,静置,观察干燥剂下落的速度、外观的变化、发生板结的情况和颗粒大小的改变。若没有观察到轻微的浑浊,说明溶液中含水量大,应适当多加干燥剂;若观察到轻微浑浊现象,这是由于吸水后的干燥剂体积大、比表面积小、沉降快,而未吸水的干燥剂颗粒小、沉降慢,从而引起溶液片刻浑浊,此时再补加干燥剂0.5~1勺,不断摇匀锥形瓶,最后静置至溶液澄清。

可采用倾泻法分离干燥后的溶液与干燥剂,操作简便,缺点是易将干燥剂带入溶液中,也可使用垫有折叠滤纸的漏斗过滤分离。需要注意的是,应根据所用干燥剂的吸水强度和速度,确定静置时间。例如使用无水$MgSO_4$干燥,至少需静置3h以上,而使用吸水速度较慢的无水Na_2SO_4干燥时,一般需静置过夜。

2.8.3 固体的干燥

常用的干燥固体的方法有自然干燥、干燥器干燥、烘箱干燥和冷冻干燥等。

自然干燥:将待干燥固体平铺于表面皿或培养皿上,固体上方用滤纸覆盖防止灰尘污染或固体飞扬,室温放置,自然干燥至质量恒定。

干燥器干燥:常用于易吸潮固体样品干燥。普通干燥器一般用于保存易潮解、易升华的固体样品[图 1-18（a）]；真空干燥器干燥效率高，但不适用于易升华固体的干燥[图 1-18（b）]。变色硅胶是干燥器干燥中最常用的干燥剂。

烘箱干燥：常用于无腐蚀性、非挥发性、受热不分解的固体样品干燥，切忌将易燃易爆化学品放在烘箱内干燥。真空烘箱干燥效率高，适用于受热易分解样品的干燥[图 1-17（b）]；红外干燥箱也是常用的便捷干燥设备，具有穿透性强、干燥快等优点[图 1-17（c）]。

冷冻干燥：也称升华干燥或冻干，是将含水物料冷冻到冰点以下，使水转变为冰，然后在较高真空下使冰不经融化、直接升华为蒸汽而除去的干燥方法。冷冻干燥的主要优点在于干燥后物料保持原来的化学组成和物理性质（如多孔结构、胶体性质等），且热量消耗比其他干燥方法少，缺点是干燥费用较高，不能广泛采用。冷冻干燥机见图 2-16。

图 2-16　挂瓶型冷冻干燥机

2.9 蒸馏

蒸馏是一种有效地分离和提纯液体混合物的操作，即加热液体至沸腾，使液体转变为蒸气，再将蒸气冷凝并收集的过程。根据实验处理对象，常用的蒸馏方法有普通蒸馏、分馏、减压蒸馏、水蒸气蒸馏和共沸蒸馏。

2.9.1　普通蒸馏

纯液态物质在一定压力下具有一定的沸点，不同的物质沸点亦不同。普通蒸馏就是利用物质沸点的差异对液态混合物进行分离和提纯：当液态混合物受热时，由于低沸点物质易挥发，首先被蒸出，而高沸点物质因不易挥发而留在蒸馏瓶中，从而使混合物分离。普通蒸馏主要适用于沸点在 40～150℃之间的液体，装置图见图 1-7（a）、图 1-7（b）。

普通蒸馏的具体操作是：将蒸馏瓶固定在铁架台上，通过长颈漏斗或直接从烧瓶瓶口加入待蒸馏液体，加入量一般为蒸馏瓶容积的 1/3～2/3；投入 2～3 粒沸石后，根据"由下至上、从左及右"的原则，依次装上蒸馏头、温度计（水银球上端与蒸馏头支管下沿处于同一水平线）、直形冷凝管、接引管和接收瓶；接通冷凝水（遵循"低进高出"的原则），开始加热，调节火力，控制馏出速度以 1～2 滴/s 为宜；注意温度计读数的变化，待读数稳定后更换接收瓶收集馏分。若温度突然下降，则表明该段馏分基本蒸完，记下该段馏分的沸程（沸程的大小可反映馏分纯度的高低）；蒸馏结束后，按照与安装相反的顺序，依次拆卸装置。

依据经验可知，完全分离两种液体，其沸点之差应大于 80℃，但现实中很少有混合物能满足上述条件。要想普通蒸馏有较理想的分离效果，混合物中各组分的沸点之差至少要大于 30℃以上，否则就需要采用分馏对液态混合物进行分离和提纯。

2.9.2　减压蒸馏

液态有机化合物的沸点随外界压力变化而变化，其变化关系可从文献获得，或由其常压下沸点和压力数据进行估算。减压蒸馏适用于沸点高于 150℃，或在普通蒸馏下易氧化、分解或聚合的液态有机物的分离和提纯，装置图见图 1-7（c）、图 1-7（d）。减压蒸馏时应根据待蒸馏物质的沸点确定所需的真空度，选择相应的真空泵（图 1-20），使该物质在此压力下的沸点不低于 40℃（冷凝不充分会导致产品损失），一般控制在 70℃为宜。

减压蒸馏操作与普通蒸馏相似，使用的仪器在蒸馏头、温度计和接引管等方面略有不同：常采用克氏蒸馏头防止液体爆沸冲出，利用毛细管产生减压蒸馏的汽化中心（不能用沸石），使用磨口温度计防止接口处漏气（特别在高真空情况下），使用多叉接引管避免更换接收瓶时破坏真空，用圆底烧瓶或茄形瓶作为接收瓶（不能使用锥形瓶，受力不均）。

需要注意的是：①在搭建减压蒸馏装置时，应对各磨口进行良好的涂敷，对整个体系进行检漏，保证无漏点，并在蒸馏装置与真空泵管路中间加装缓冲装置；②控制减压蒸馏速度，接收并记录各馏分的沸程与压力，表示为×～××℃/×××mmHg；③蒸馏完成后，应先停止加热，放空，使体系压力与大气压一致后，关闭真空泵，再拆卸装置；④减压蒸馏所用玻璃仪器均受大气压力，有内爆风险，使用前应检查玻璃仪器是否有裂纹或气泡，尽量在通风橱内进行减压操作，并佩戴护目镜。

2.9.3 分馏

分馏是分离和纯化沸点相近且互溶的液体混合物的重要方法，是利用分馏柱将多次汽化-冷凝过程在一次操作中完成。一次分馏可以达到多次蒸馏的效果，分离效率高，可将沸点相距 1～2℃的混合物分离开来。高效的分馏也称为精馏。

液体混合物受热沸腾，蒸气进入分馏柱，其中高沸点组分受柱外冷空气作用被冷凝流回烧瓶，导致继续上升的蒸气中低沸点组分含量相对增加（该过程可看作是一次普通蒸馏）；高沸点冷凝液回流途中遇到新蒸上来的蒸气，两者之间发生热交换，同样是高沸点组分被冷凝、低沸点组分继续上升（该过程又可看作是一次普通蒸馏）。蒸气就这样在分馏柱内反复地进行汽化、冷凝和回流，或者说重复地进行多次普通蒸馏，最终低沸点组分先被蒸出，高沸点组分回到烧瓶中。

只要分馏柱的效率足够高，从分馏柱上端蒸出的蒸气就是纯净的低沸点组分，而高沸点组分仍回流到蒸馏瓶中。分馏柱的效率主要取决于柱高、填充物和保温性能：分馏柱愈高，气-液接触时间愈长，分离效率就愈高，但是过高也会造成分馏能耗过大、速度过慢；填充物可增大蒸气与回流液的接触面积，使气流流动性增大，阻力减小，分离效果好，可由瓷、玻璃、金属或塑料等材质制成，目前国内应用较多的是 Q 网环填料（dixon ring）、压延孔环填料（cannon packing）和三角螺旋填料（图 2-17），但也会造成塔阻和塔的压力降增大；柱保温性能越好，即分馏柱处于与外界没有热交换的绝热状态下，柱效率就越高，一般可用石棉、玻璃绒等包裹分馏柱，或采用镀银的真空夹套或电热套进行保温。

 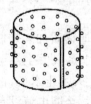

(a) Q网环　　　　　　(b) 压延孔环　　　　　　(c) 三角螺旋

图 2-17　实验室常用小型填料

分馏的具体操作是：将待分馏溶液装入圆底烧瓶，放入几粒沸石，依次安装分馏柱、温度计、冷凝管、接引管和接收瓶，装置如图 1-7（e）、图 1-7（f）所示，接通冷凝水，加热使液体平稳沸腾。当蒸气缓缓上升时，注意控制温度，使馏出速度维持在1滴/（2～3s）。记录馏出液馏出时的温度，并根据具体要求分段收集各馏分。

需要注意的是：①控制馏出速度，防止出现液泛现象。若馏出速度太快，柱内回流液来不及流回烧瓶，逐渐在分馏柱中形成液柱，这种现象称为液泛。出现液泛时，应停止加热，待液柱消失后再加热分馏。②分离的难度取决于各组分的相对挥发度、浓度，以及所要求馏分的纯度。③分馏柱的选择取决于分离的难度、被蒸馏物的数量及分馏时的压力范围等。理想的分馏柱，应具有较高的理论塔板数、较高的物料通过量、较低的持液量，操作效率不随回流比的降低而损失过大。因此在进行分馏时，应综合考量上述各因素，同时还需考虑价格及可操作性等因素。

2.9.4 水蒸气蒸馏

将水蒸气通入不溶于水的有机化合物，或者将水与有机化合物共热，使有机化合物与水共沸而蒸出，该过程称为水蒸气蒸馏。水蒸气蒸馏适用于：①完全不互溶物系；②分离沸点高且在接近或达到沸点时易分解的有机化合物；③从大量树脂状杂质或不挥发性杂质中分离有机化合物；④从较多固体的反应混合物中分离被吸附的液体产物等。

在完全不互溶物系中，依据道尔顿（Dalton）分压定律，总蒸气压等于各组分蒸气压之和：

$$p = p_A + p_B$$

式中，p为总蒸气压；p_A、p_B分别为水和被分离物质的蒸气压。

显而易见，混合物的沸点必定比任一组分的沸点低。因此在低于100℃时，被分离物质随水蒸气一起蒸出，由于二者不互溶，所以冷凝后很容易分开。

混合蒸气中，各组分分压之比等于其物质的量之比，因此：

$$\frac{p_B}{p_A} = \frac{n_B}{n_A} \qquad \frac{m_B}{m_A} = \frac{n_B M_B}{n_A M_A} = \frac{p_B M_B}{p_A M_A}$$

式中，n_A、n_B为水和被分离物质的物质的量；m为质量；M为摩尔质量。

由上式可见，馏出液中两种物质的质量比，与它们的蒸气压和摩尔质量的乘积成正比。水具有低的摩尔质量和较大的蒸气压，其$p_A M_A$小，则可能分离较高摩尔质量和较低蒸气压的物质。

水蒸气蒸馏必须具备以下条件：有机物不溶于水或微溶于水，有机物长时间在水中煮沸不与水起化学反应，有机物在接近100℃时至少有0.663～1.33kPa（5～10mmHg）的蒸气压。其装置图如图1-7（g）所示，主要由水蒸气发生器（加装安全管）、水蒸气导管（连接T形管）和蒸馏装置组成。

水蒸气蒸馏的具体操作是：将待蒸馏物质加入烧瓶中，水蒸气发生器中加1/3～2/3的水，打开T形管夹（或止水夹），加热水蒸气发生器至水沸腾（同时对蒸馏瓶预热）。当大量水蒸气连续不断从T形管口喷出时，关闭止水夹，使水蒸气导入蒸馏装置。控制水蒸气发生器的加热量，使蒸馏过程平稳进行，至馏出液没有油状物呈澄清透明状时停止蒸馏（打开止水夹，放空，关闭加热源），馏出液用分液漏斗分离。

需要注意的是：①水蒸气发生器要配置安全管，安全管下端插入水面下，接近水蒸气发生器底部；②水蒸气导管应尽可能短，以减少水蒸气在导入过程中的热损耗，导气管应插入烧瓶中液面下接近底部处，以提高蒸馏效率；③要随时观察安全管中水柱的波动情况，若水柱急剧上升,应立即打开止水夹,停止加热,找出原因,排除故障后再蒸馏。

2.9.5 共沸蒸馏

很多互溶的二元混合体系,其气液平衡不符合拉乌尔(Raoult)定律,偏离理想溶液状态:某些体系发生正偏差,其总蒸气压在一定组成下达到最大值,此时,与此最大蒸气压对应的混合物的沸点比任何一个纯组分或混合组分的沸点低,形成具有最低共沸点的共沸物;反之,某些体系发生负偏差,其总蒸气压在一定组成下达到最小值,此时,与此最小蒸气压对应的混合物的沸点比任何一个纯组分或混合组分的沸点高,形成具有最高共沸点的共沸物。

共沸物的气相和液相具有相同的组成,不可能通过蒸馏的方法分离为纯组分。例如卤化氢水溶液具有最高恒沸点(20.33%盐酸,共沸点为108.6℃;47.5%氢溴酸,共沸点为120.6℃;57%氢碘酸,共沸点为127℃),乙醇水溶液具有最低恒沸点(95.63%乙醇,共沸点为78.2℃)。常见溶剂与水形成的二元共沸物如表2-7所示,常见溶剂间形成的共沸物如表2-8所示。

表2-7 常见溶剂与水形成的二元共沸物

溶剂	溶剂沸点/℃	共沸点/℃	含水量/%	溶剂	溶剂沸点/℃	共沸点/℃	含水量/%
氯仿	61.2	56.1	2.5	苯	80.4	69.2	8.8
四氯化碳	77.0	66.0	4.0	甲苯	110.5	85.0	20.0
1,2-二氯乙烷	83.7	72.0	19.5	二甲苯	137~140	92.0	37.5
乙腈	82.0	76.0	16.0	乙醇	78.3	78.2	4.4
丙烯腈	78.0	70.0	13.0	氯乙醇	129.0	97.8	59.0
乙酸乙酯	77.1	70.4	4.4	异丙醇	82.4	80.4	12.1
乙醚	35.0	34.0	1.0	正丁醇	117.7	92.2	37.5
二硫化碳	46	44	2.0	异丁醇	108.4	89.9	88.2
吡啶	115.5	94.0	42.0	正戊醇	138.3	95.4	44.7
甲酸	101.0	107	26	异戊醇	131.0	95.1	49.6

表2-8 常见溶剂间形成的共沸物

共沸混合物	各组分的沸点/℃	共沸点/℃	共沸物的组成(质量)/%
乙醇-乙酸乙酯	78.3,78.0	72.0	30:70
乙醇-苯	78.3,80.6	68.2	32:68
乙醇-氯仿	78.3,61.2	59.4	7:93
乙醇-四氯化碳	78.3,77.0	64.9	16:84
乙酸乙酯-四氯化碳	78.0,77.0	75.0	43:57
甲醇-四氯化碳	64.7,77.0	55.7	21:79
甲醇-苯	64.7,80.6	48.3	39:61
氯仿-丙酮	61.2,56.4	64.7	80:20
甲苯-乙酸	101.5,118.5	105.4	72:28
乙醇-苯-水	78.3,80.6,100	64.9	19:74:7

借助共沸混合物的特性，在待干燥的有机物中加入共沸组成中某一有机物，因共沸混合物的沸点通常低于待干燥的有机物的沸点，进行蒸馏时可将水带出，从而达到干燥的目的。利用共沸蒸馏脱水干燥，是一种常用的实验手段，其装置如图 1-7（a）所示。

对于某些生成水的可逆化学反应，也可以通过加入"带水剂"（如甲苯、二甲苯等）方法，将反应中生成的水带出，促使化学平衡向生成水的方向移动，同时也可以借助分水器中放出的水量来观察和判断化学反应进程［图 1-8（g）］。

2.10 色谱

色谱是现代分离与分析的重要方法之一，1906 年由俄国植物学家 M. S. Tswett 提出和建立，该方法得到了广泛的应用和发展，迄今为止报道的各种现代色谱法已有几十种。色谱过程的本质是利用待分离组分在两相间吸附、分配、交换等差异而实现各组分的分离。

色谱分类方法较多，按两相状态可分为气相色谱（gas chromatography）（气-固、气-液）和液相色谱（liquid chromatography）（液-固、液-液）等，按固定相形式可分为纸色谱（paper chromatography）、薄层色谱（thin layer chromatography）和柱色谱（column chromatography）等，按工作原理可分为分配色谱（partition chromatography）、吸附色谱（adsorption chromatography）、离子交换色谱（ion exchange chromatography）、凝胶色谱（gel chromatography）和亲和色谱（affinity chromatography）等。

本节主要介绍有机实验室中常用的薄层色谱、柱色谱和快速柱色谱。

2.10.1 吸附与洗脱

吸附可以看作是物质在固体表面的一种浓集现象，分为物理吸附（分子间以范德华力相互作用）和化学吸附（分子间以化学键相结合）两种。色谱中使用最多的是物理吸附，是利用吸附剂与不同组分间亲和力的不同而将混合物分离。

吸附剂分为非极性（如活性炭、有机树脂等）和极性（如 Fe_2O_3、Al_2O_3、硅胶、糖类等）两类，其中极性吸附剂硅胶和 Al_2O_3 使用较多。极性吸附剂对组分的亲和力随组分极性增大而增大，各类有机物对极性吸附剂的亲和力大致按下列顺序递增：

R—X＜R—O—R′＜R_3N、R—NO_2＜RCOOR′＜RCOR′、RCHO＜RNH_2＜R—OH＜RCOOH

已被吸附的组分可以被有机溶剂从吸附剂上取代下来，我们将组分从吸附剂上解吸下来的过程，称为洗脱。洗脱过程需要溶剂，常见溶剂洗脱能力按如下顺序递增：

石油醚≈正己烷≈戊烷＜环己烷＜二硫化碳＜四氯化碳＜二氯乙烯＜氯仿＜乙醚＜四氢呋喃＜乙酸乙酯＜丙酮＜丁酮＜正丁醇＜乙醇＜甲醇＜乙酸＜吡啶＜有机酸

对于非极性吸附剂而言，情况与上述内容大致相反。

2.10.2 薄层色谱

薄层色谱是从经典柱色谱和纸色谱基础上发展起来的一种吸附色谱技术，是快速分离和定性分析的一种重要实验技术。作为一种微量分析法，薄层色谱用样量少，费时短，常用于检测反应进行程度以及柱色谱分离过程的条件筛选，是有机实验室最常用的分析手段之一。

待分离有机混合物通过点样过程吸附在固定相上，当展开剂通过样点时，有机混合物各组分和展开剂在固定相上存在吸附-解吸竞争，在一定条件下达到平衡。与固定相亲和力弱的组分，易被展开剂解吸而进入展开剂，移动较快；与固定相亲和力强的组分，不易被展开剂解吸而移动较慢；解吸后的组分与展开剂进入下一段固定相又建立新的吸附-解吸平衡，该过程反复、交替地进行，在不断的吸附-解吸过程中，有机混合物各组分最终被分离开。

组分随展开剂移动的距离 d_s 与纯展开剂移动距离 d_m 之比，称为比移值（图 2-18），用 R_f 表示。R_f 值是每一个化合物的特征数值，可用于鉴定化合物，但 R_f 值与展开剂的极性和固定相的致密度相关，因此在不同条件下其重现性往往很差，可将标准品与待鉴定样品置于同一薄层板上而克服上述缺陷。

$$R_f = \frac{d_s}{d_m}$$

薄层色谱分离鉴定有机化合物，通常包括制板、点样、展开和检定等过程，具体操作步骤如下。

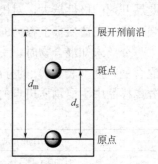

图 2-18　薄层板展开示意图

（1）制板

薄层色谱板的支持材质主要为玻璃板、铝板和塑料板，固定相主要有硅胶薄层、氧化铝薄层、微晶纤维素薄层、聚酰胺薄层等，最常用的是以玻璃板或铝板为支撑材质的硅胶薄层板和氧化铝薄层板。

硅胶薄层板常用的有硅胶 G、硅胶 GF_{254}、硅胶 H、硅胶 HF_{254}，其吸附性来源于硅胶表面的羟基，主要用于分离酸性或中性有机化合物；氧化铝薄层板的吸附性来自于 Al 原子的空轨道，多用于分离碱性或中性有机化合物。二者吸附剂的粒径在 $10 \sim 40 \mu m$ 左右。

制备薄层板时，可使用专用涂布器获得厚度均匀的涂层（$250 \sim 500 \mu m$）。例如：取 25g 硅胶、50mL 蒸馏水或 $0.5\% \sim 1\%$ 羧甲基纤维素钠溶液于锥形瓶中振摇 40s 后（悬浊液），倾入涂布器，在干净且干燥的 200mm×200mm 玻璃板上涂成均匀的薄层。所得薄层板于空气中晾干 15min（涂层不再透明）后，置于干燥箱中，缓慢升温至 100～150℃ 活化 30min，冷却即可使用。

也可以手工制备薄层板。例如：将上述按比例制备的悬浊液，倾倒在玻璃板上，尽可能涂匀，并在桌面上轻轻敲击使悬浮液涂满玻璃板，室温晾干后置于干燥箱中活化。此法制备薄层板比较简便，缺点是涂层难以均匀、致密，R_f 值重现性差。还可以购买市售的成品，该板吸附层的致密程度和均匀性远高于自制薄层板，分离效果好，例如 20mm×50mm 的小板即可满足分离要求。

（2）点样

将待分离混合物溶于极性尽可能小的溶剂中，配成约 1% 的样品溶液。距薄层板底部 1.5～2cm 处用铅笔划一水平线，用毛细管汲取样品溶液后，让毛细管垂直于薄层板在水平线上轻且快地点击，使所形成的样点尽可能小（直径 2～3mm）。点多个样点时，应使每个样点彼此间隔 0.5cm，边缘点与薄层板侧缘的距离亦不小于 0.5cm（避免样点相互干扰及边缘效应）。

若样品浓度太高，薄层板分离效果下降，会造成拖尾现象，此时应将样品稀释至合适浓度后再次点样、展开；若样品浓度太低，会造成检测困难甚至无法观测，此时应增加点样量，在同一位置多次点样。需要注意的是，重复点样时，应等待前一次点样的溶剂完全挥发后再点样，否则样点（原点）将会很大，会造成分离后的斑点大而浅，降低了检测的灵敏度。

点样完成后，应等待样点中的溶剂在薄层板上完全挥发后，再进行后续的展开操作。

(3) 展开

展开剂是影响分离效果的重要因素。展开剂的选择以溶剂的"洗脱力次序"为指导原则，同时还应考虑对被分离组分的溶解能力和解吸能力。硅胶和氧化铝都是极性吸附剂，因此展开剂的极性越大，对极性吸附剂的竞争吸附能力就越强，对已吸附组分的洗脱能力就越强，样点在薄层板上移动的距离也就更远，R_f值也就更大。

分离未知混合物时，一般选用石油醚-乙酸乙酯组成的混合展开剂（也称万能展开剂）。混合展开剂（表2-9）的分离效果通常优于单一展开剂，展开剂极性大小的调配原则是使待分离样品中主要物质斑点的R_f值位于0.2~0.5之间，同时各组分的R_f值相差越大越好。

表2-9 常用的混合展开剂体系

混合展开剂	适用范围
石油醚(正己烷)-乙醚	非极性化合物
石油醚(正己烷)-乙酸乙酯	低极性化合物
石油醚(正己烷)-四氢呋喃	极性化合物
二氯甲烷-甲醇	高极性化合物
氯仿-甲醇-1%氨水	胺类化合物

一般采用上升法展开薄层板（图2-19）：将少量展开剂置于密闭展缸内，摇荡，使缸内气氛为展开剂蒸气饱和；将点样后的薄层板垂直放入且斜靠在展缸内壁，溶剂利用毛细管现象自下而上沿薄层板向上扩散进行展开；当展开剂移动的前沿达到一定高度时，取出薄层板，对溶剂前沿进行标记；晾干或使用吹风机吹干薄层板，进行斑点检定。

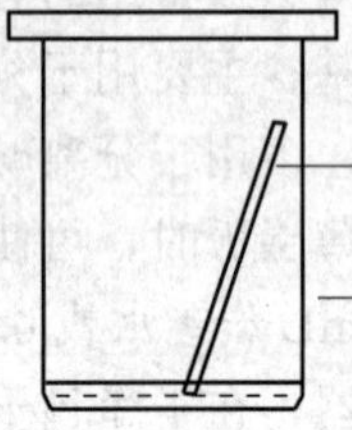

图2-19 上升法展开示意图

需要注意的是：薄层板浸入溶液的深度应达到5~7mm；展开剂的展开高度达到4cm为宜；对于不含黏合剂的薄层板，应使用扁平的、倾斜角小的展开槽，以防止薄层脱落。

(4) 斑点的显色与检定

有颜色的组分在可见光下可以直接检定；对于无色的组分，可在紫外灯365nm或254nm波长下观察斑点情况；对于无色且无法在紫外灯下检定的组分，则需以适宜的试剂（碘蒸气、硫酸乙醇、高锰酸钾等）显色后再进行观测。显色剂通常储存于100mL广口瓶中，必要时用铝箔纸覆盖或包裹。常用TLC显色剂配方及适用范围如表2-10所示。

表2-10 常用TLC显色剂配方及适用范围

常用显色剂	配方	适用范围
碘	30g硅胶中加入10g碘粒	广谱显色剂，尤其适用于含杂原子、不饱和烃、芳香族及醇类等大多数化合物，斑点呈棕色
硫酸乙醇	5mL浓硫酸溶于100mL无水乙醇中	广谱显色剂，尤其适用于含双键的化合物，斑点呈黑色
高锰酸钾	1.5g高锰酸钾、10g碳酸钾、1.25mL 10%氢氧化钠溶于200mL水中	广谱显色剂，尤其适用于还原性化合物，斑点呈黄色

续表

常用显色剂	配方	适用范围
香兰素	15g 香兰素溶于 250mL 乙醇中,再加 2.5mL 浓硫酸	广谱显色剂,斑点呈紫色
Hanessian 试剂	250mL 蒸馏水中加入 12g 钼酸铵、0.4g 钼酸铈铵和 1.5mL 浓硫酸,铝箔纸包裹后避光保存	广谱显色剂(避光保存),斑点呈蓝色
磷钼酸	10g 磷钼酸溶于 100mL 无水乙醇中	适用于含羟基、羰基化合物,斑点呈蓝色
琼斯试剂	2g 重铬酸钠、16mL 浓硫酸溶于 24mL 水中	适用于含羟基化合物,斑点呈绿色
茴香醛 A	135mL 无水乙醇中加入 5mL 浓硫酸和 1.5mL 乙酸,冷却后加入 3.7mL 茴香醛,剧烈搅拌混匀后储存于冰箱中	适用于含氮有机化合物,斑点呈茶色

薄层色谱最大的优点是简便、易行、快速且分离效果好,在定性定量分析、反应进程监测、纯样品的制备和柱色谱实验条件的探索等方面均有广泛应用。例如:依据 R_f 值将样品与标准品在同一薄层板上对照,可进行定性分析;反应液与原料点板对照,比较斑点大小和深浅,可判断反应进程,原料消耗程度,产物、副产物、中间体的大致比率;还可以通过薄层色谱的检验,确定柱色谱中吸附剂和淋洗剂的选择、各组分流出顺序及纯度的判断等。

2.10.3 柱色谱

柱色谱适用于实验中不能通过蒸馏或重结晶等操作提纯、沸点高或热稳定性差、量少且结构复杂的有机化合物,是一种重要而有效的混合物分离方法。其工作原理与薄层色谱一致,是将吸附剂固定在柱状容器内,流动相在重力或压力作用下自上而下流过吸附剂,使混合物各组分历经反复的吸附-解吸过程而分离。每一组分都集中在各自那一段狭窄的吸附层内,使用更多的洗脱剂可将各组分从柱内分段淋洗出来。

2.10.3.1 普通柱色谱

(1) 准备工作

确定待分离样品质量;根据薄层色谱结果,确定合适的淋洗体系和比例,同时确定吸附剂用量,若产物与杂质 R_f 值相差较大,易分离,则 $m_{吸附剂}:m_{样品}=20:1$,若 R_f 值相差较小,难分离,则 $m_{吸附剂}:m_{样品}=100:1$;根据吸附剂用量确定色谱柱规格,一般情况下色谱柱中吸附剂填充高度为 10~25cm,高径比为 8~15。

(2) 装柱

干法:通过漏斗将 100~200 目的硅胶加到色谱柱内,胶棒均匀敲击柱身使硅胶填充均匀、紧密,再覆盖约 0.5cm 厚的石英砂(若柱内无砂芯板,可用脱脂棉塞在柱底部,覆盖 0.5cm 厚石英砂后再按上述过程装入硅胶和石英砂);从顶端加入淋洗剂,同时开启底部的旋塞,淋洗剂在重力作用下向下流动,直至完全浸润硅胶,该过程不宜太快,应确保硅胶始终浸没于淋洗剂中;不要在顶部加压或在底部减压,防止柱内硅胶开裂,若所装色谱柱均匀,则被淋洗剂浸润的硅胶边缘呈水平状。

湿法:将硅胶和淋洗剂以质量比约 1:1.5 混合,玻璃棒搅拌去除气泡,溶液调成糊状;将悬浊液缓慢倒入已盛有少量淋洗剂的色谱柱内,开启底部的旋塞,胶棒均匀敲击柱身使硅胶沉降均匀、紧密；覆盖约 0.5cm 厚的石英砂，保持液面高于石英砂顶部 1~2mm 以便装样。整个过程中淋洗剂液面高度不能低于硅胶顶部，以免硅胶中混入气泡而形成裂缝（图 2-20）。

（3）装样

干法：适用于在低洗脱力溶剂中溶解度差的样品。圆底烧瓶中，将样品以较高浓度溶于溶剂中，加入适量硅胶进行吸附（加入量以硅胶在溶液中有流动能力为宜）；在旋转蒸发仪上将溶剂蒸干，得到吸附样品的细粒状硅胶；用漏斗将所得硅胶均匀、缓慢地加到已装好的色谱柱顶部。

湿法：适用于液体样品或在低洗脱力溶剂中溶解度好的样品。将样品用洗脱力较低的溶剂配成尽可能浓的溶液，用长滴管吸取待分离样品从色谱柱顶端加入；加入时，滴管底部应尽可能接近石英砂部分（防止样品滴下时因重力作用而破坏色谱柱顶层），应沿色谱柱内壁均匀地向顶部施放（确保样品被顶层硅胶均匀吸附）；开启旋塞，液面下移，当液面降至距硅胶顶部 1~2mm 处时，关闭旋塞，沿柱内壁再缓慢加入 1~2mL 淋洗剂，将内壁上的样品残液洗下，开启旋塞使液面下移，重复该过程 2~3 遍后，样品全部被硅胶层吸附，完成装样。

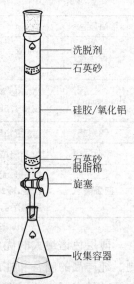

图 2-20　湿法装柱示意图

（4）洗脱

装样后的色谱柱应立即加入更多的淋洗剂开始洗脱过程，不宜长时间放置或长时间中断洗脱过程，以防止样品在柱内的纵向扩散而影响分离效果。为建立理想的吸附-洗脱平衡，淋洗液的流速不宜太快也不宜太慢（对于 40cm 长的色谱柱，流速以 3~4mL/min 为宜），可通过增加柱顶淋洗剂高度加压、柱底抽轻度真空减压或旋塞来调节色谱柱流速。

也可以按一定程度不断改变淋洗液浓度配比和极性的方法进行洗脱，可使复杂样品中性质差异较大的组分按各自适宜的容量因子达到良好的分离效果，称为梯度淋洗（gradient elution）。梯度淋洗具有分析周期短、灵敏度高、分离效果和峰形好等优点。

（5）组分收集

流出的洗脱液，根据硅胶用量和分离度，通常以 0.5~10mL 为一份进行收集，并用薄层色谱等方法判断其中是否含有被洗脱组分。检测时，往往需对洗脱液用旋转蒸发仪进行浓缩。最后合并洗脱液中相同的纯组分，完成柱色谱分离。

2.10.3.2　快速柱色谱

快速柱色谱（flash chromatography），可以缩短柱色谱分离混合物的时间，是一种快速而简单的分离异构体的方法，日渐成为有机实验室中分离和纯化过程的标准方法，其色谱柱系统如图 2-21 所示。

快速柱色谱的高效在于：①使用更细、粒径分布更集中的硅胶颗粒（200~400 目），该硅胶具有较大的接触面积，可以更高效地进行吸附；②采用加压泵加压使淋洗剂流经色谱柱，加大洗脱时的流速，缩短分离时间，抑制纵向扩散，提高分离效率。

其装置与操作方法与普通柱色谱类似，通常在图 2-20 的装

图 2-21　快速柱色谱系统

置上部加装导气接头，管口夹固定后，用气体钢瓶或专门压力泵加压，使洗脱剂的压力和流速保持恒定。其洗脱液极性大小以在薄层色谱中使目标化合物 R_f 值处于 0.2～0.3 的展开剂极性为宜。

2.11 无水无氧操作

某些化学试剂或反应，尤其是一些金属有机化合物及其所涉及的化学反应，遇 H_2O 或 O_2 能发生剧烈反应，甚至燃烧或爆炸，因此对于这类特殊化合物的合成、纯化、分析和处理都必须应用无水无氧操作技术。现今无水无氧操作已在有机合成等领域广泛运用，具有十分重要的地位和作用。

（1）一般方法

对于要求不高的反应体系，可采用将惰性气体（N_2 或 Ar）直接通入进行空气置换的方法，如图 2-22 所示。这种方法较简便、易操作，是最普通的无水无氧操作，在常规有机合成中广泛应用。

（2）手套箱

对于称量、研磨、转移、过滤等操作需要在无水无氧条件下进行时，可使用手套箱（glove box）。操作时，先用惰性气体将手套箱中的空气置换，再使用手套进行相应的实验操作，如图 2-23 所示。手套箱通常由有机玻璃和金属制成，不耐压，不易将其中微量的空气除尽。

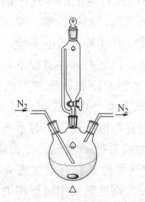

图 2-22　N_2 保护下的有机反应

图 2-23　手套箱

（3）史兰克线

史兰克线（Schlenk line）是一套惰性气体净化和操作系统，能使反应在无水无氧氛围中顺利进行，排除空气效果比手套箱好，操作更为安全和有效。Schlenk 技术适用于一般化学反应（包括搅拌、回流、投料等）、分离纯化（包括蒸馏、过滤、重结晶等）和样品的储存及转移等，操作量从几克到几百克，在有机实验室中被广泛采用。史兰克线主要由除氧柱、干燥柱、钠-钾合金管、截油管、双排管和压力计等部分组成，如图 2-24 所示。

一定压力下惰性气体由鼓泡器导入安全管，流经截油管和干燥柱初步除水后，进入除氧柱除氧，再经第二根干燥柱吸收除氧柱中生成的微量水，继续通过钠-钾合金管除去残余的微量水和氧，最后通过截油管进入双排管。双排管由两根分别具有 3～6 个支管口的平行玻

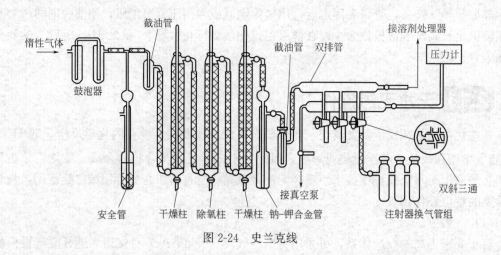

图 2-24 史兰克线

璃管组成，一端与惰性气体相通，另一端与真空体系相通。通过控制连接处的双斜三通活塞，对体系进行反复抽真空和充惰性气体两种互不影响的操作，而达到无水无氧条件。

使用双排管的具体操作步骤是：①反应装置与双排管连接好后，小火烘烤器壁（酒精灯加热或电吹风吹扫）除去吸附的微量水汽，进行抽真空-惰性气体置换，至少重复 3 次以上，把吸附的微量水和氧除尽。②固体药品加料，一般在抽真空前先加，若在抽真空后加料，则必须在惰性气体保护下进行。液体药品通常用注射器加料，在抽真空后加入。③反应过程中应注意观察起泡器，留意起泡速度，保持双排管内始终有一定的正压（同时也要避免惰性气体的浪费），直到反应结束得到目标化合物。④实验完成后及时关闭惰性气体钢瓶阀门，即先顺时针方向关闭总阀，指针归零；再逆时针方向松开减压阀，指针归零；关闭节制阀。

无水无氧操作处理的是对空气敏感的物质，其操作技术是实验成败的关键，在操作中应认真仔细、一丝不苟、动作迅速，稍有疏忽就会前功尽弃，因此必须注意以下几点，以确保操作正确：①实验前应周密计划，对每一步具体操作、加料次序和后处理方法等必须考虑好，所用仪器事先洗净、烘干，所需试剂和溶剂需经无水无氧处理（处理装置如图 2-24 所示）等；②由于许多反应中间体不稳定，也有很多化合物在溶液中比固态时更不稳定，因此无水无氧操作往往需要连续进行，直到得到较稳定的产物或者把不稳定的产物储存好为止；③Schlenk line 中所用胶管宜使用厚壁真空管，以防止抽气和换气时有空气渗入；④若反应中途需要添加药品、调换仪器或开启反应瓶等，都应在较大惰性气流中进行相关操作；⑤反应体系最好使用磁力搅拌，若需要使用机械搅拌，则应加大惰性气体流量；⑥常用的惰性气体有 N_2、Ar、He，其中 N_2 最容易得到，价格便宜，使用也最普遍，以 N_2 为保护气的另外一个优点是它的相对密度与空气接近，在 N_2 保护下称量物质的质量不需要校正，缺点是 N_2 在室温下与 Li 反应，在高温下与 Mg 也能反应，还能与某些过渡金属形成配合物，因此在这种情况下应使用 Ar 作保护气。

第 3 章 有机化合物的表征

深入研究有机化合物的性质和作用,不论是天然产物还是人工合成品,都需要对该物质进行表征。有机化合物的表征是有机化学研究的重要组成部分,大体分为三种方法,即物理常数测定法、近代物理方法和化学法。实际研究工作中往往是几种方法联合使用,互相补充,互相验证,才能准确表征一个复杂有机化合物的结构。

物理常数测定法是指对物质所具有确定不变数值物理量的测定方法,常作为鉴定有机物的定性分析方法之一。有机化合物的物理常数主要有熔点、沸点、折射率、旋光度、溶解度、相对密度和分子量等。

近代物理方法是应用近代物理实验技术建立的一系列仪器分析方法,其特点是测试只需微量样品就可以很快获得可靠的分析数据,并具有强大的数据处理能力,是研究和表征分子结构最有效的方法和手段,其中红外光谱(IR)、紫外光谱(UV)、核磁共振谱(NMR)和质谱(MS)等波谱方法使用较为广泛。

化学法主要是利用官能团的特征反应,从有机物的化学性质和合成中获得对分子结构的认识,是长期以来确定有机物结构的主要方法。化学法是有机分析学科的重要组成部分,但化学法测定复杂分子结构需要大量耐心细致的工作和较长的时间,且样品用量较多。

本章对实验室中常用的有机物表征方法作简单介绍。

3.1 熔点

在一定压力下,纯的有机物固态与液态之间的变化非常敏锐,自初熔到全熔的温度变化不超过 0.5~1℃。如果固体中含有杂质,则其熔点要比纯物质的熔点低,且熔程较宽。利用这一特性,可通过熔点测定并与文献值进行比较,定性检验固体有机物的纯度。

3.1.1 熔点仪

熔点测定仪器主要有双浴式熔点管、提勒式(Thiele)熔点管和电热式显微熔点仪三种(图 3-1)。双浴式熔点管是将温度计和熔点管放在试管中(水银球距管底 0.5~1cm),再将试管放入长颈球形瓶中(试管底距瓶底 0.5~1cm),加热瓶中导热液体传热至内层空气而使样品熔化，即油浴和空气浴。提勒式熔点管是将导热液体放入 b 形管中，再将温度计和熔点管放入浴液中，加热浴液使样品熔化。电热式显微熔点仪则使用电加热块代替油浴加热，显微镜可更清晰地观察有机物的熔化过程。

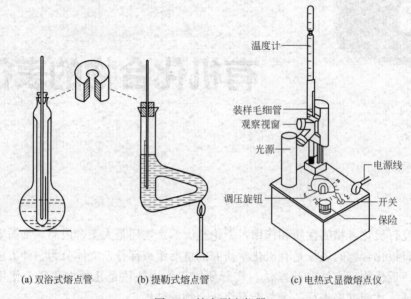

(a) 双浴式熔点管　　(b) 提勒式熔点管　　(c) 电热式显微熔点仪

图 3-1　熔点测定仪器

常用的导热液体（浴液）有硅油、液体石蜡、甘油和浓硫酸等，实验中主要根据测量的温度范围来选择导热液，在测定过程中导热液不能出现汽化、发烟或沸腾现象。

3.1.2　装样

装样前应根据待测固体的性质，选择适宜的方法将样品干燥至质量恒定（见 2.8.3）。

测定所用熔点管，也称为毛细熔点管，是由中性硬质玻璃管制成，通常长 9cm 以上，内径为 0.9～1.1mm，壁厚为 0.1～0.15mm，一端开口，一端封熔。

熔点管装样：取少量待测样品（0.1～0.2g）研细成粉末置于表面皿上，将熔点管开口端向下垂直插入样品，反复多次挤压后，再将闭口端垂直朝下，放入一根干净的长玻璃管上口内，令其自然落下，使待测样品沉积在熔点管底部。重复自然落下操作多次，使样品装填紧密，装样高度以 2～3mm 为宜。操作如图 3-2 所示。

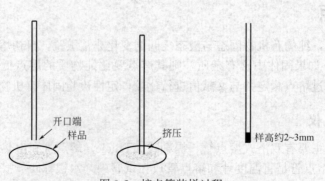

图 3-2　熔点管装样过程

盖玻片装样：取微量固体样品约 10mg，夹在两片盖玻片中间，压紧后即可用显微熔点仪进行测试。

3.1.3 测定

双浴式和提勒式熔点管测定步骤如下：

① 用橡胶圈将装好样品的毛细管固定在温度计上，样品部分紧靠在水银球中部（图 3-3）；用侧面具有开口的单孔塞子将温度计安放在熔点仪的试管上，调整高度，使水银球位于传热介质中部为宜（图 3-1）。

② 加热导热液体，使热浴温度升至低于化合物预期熔化温度约 10℃；以 3℃/min 速率加热导热液体，使温度升至低于预期熔化温度 5℃；以 1℃/min 速率加热，直至熔化。

③ 仔细观察样品，依次记录样品的润湿点、烧结点、塌陷点、半月点和全熔点温度，精确到最小刻度的 1/10，烧结点到全熔点的温度范围即为样品熔程（图 3-4）；样品纯度越高，熔程越窄。纯度为 99% 的固体，熔程一般小于 0.5℃。

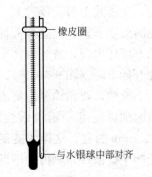

图 3-3　熔点管与温度计的固定

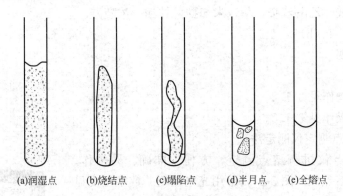

图 3-4　样品受热时的变化

④ 再次装填样品，重复上述步骤，至少三次，三次测定的平均值即为样品的熔点。

显微熔点仪进行熔点测定时，其操作过程与熔点管法类似，只是使用电加热块加热熔点管或盖玻片，具体操作细节详见所用仪器的操作说明书。

实验 1　熔点的测定

一、实验目的

① 掌握毛细管法测定固体有机物质熔点的操作方法。
② 了解数字熔点仪测定熔点的方法、原理及操作技术。

二、实验原理

在一定压力下，纯的有机物固态与液态之间的变化非常敏锐，自初熔到全熔的温度变化不超过 0.5~1℃。如果固体中含有杂质，则其熔点要比纯物质的熔点低，且熔程较宽。利用这一特性，可通过熔点测定并与文献值进行比较，定性检验固体有机物的纯度。

熔点是鉴定有机化合物非常重要的物理常数，纯净的物质一般都有恒定的熔点，可作为物质纯度的判断标准之一。熔点的高低与分子间作用力（范德华力、氢键等）和分子的对称性密切相关。通常情况下，分子间作用力强的或分子对称性好的物质，熔点较高。

加热纯固体化合物时，若温度低于熔点，固体并不熔化，达到熔点时，固体开始熔化，温度停止上升，直至全部固体都转化为液体时，温度才上升。反过来，当冷却纯液体化合物时温度下降，当达到凝固点时停止下降，开始有固体出现，直到液体全部变为固体时温度才开始下降（图3-5）。

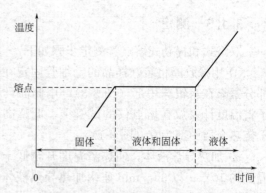

图3-5 相随时间和温度的变化

显然，要精确测定物质的熔点，在接近熔点时加热速度一定要缓慢，升温速率不超过1℃/min为宜，这样才能使熔化条件非常接近于相平衡条件，测得的熔点也越精确。

三、仪器和药品

仪器：Thiele管，温度计（0～200℃），熔点管，长玻璃管（60cm），表面皿（中号），锉刀，切口软木塞，橡胶塞，橡胶圈，WRS-1A/B型数字式熔点测定仪，镊子等。

药品：苯甲酸，乙酰苯胺，萘，未知物，甘油，浓硫酸。

装置图：图3-1（b）。

四、实验步骤

1. 毛细管法

装样：具体操作见3.1.2。

测定：具体操作见3.1.3。

2. 数字式熔点测定仪测定法

使用数字熔点仪进行熔点测定，方便、准确、易操作。WRS-1A型数字熔点仪（图3-6），采用光电检测、数字温度显示等技术，具有初熔、终熔温度自动显示等功能，其温度系统应用线性校正的铂电阻作检测元件，并用集成化的电子线路实现快速"起始温度"设定及八档可供选择的线性升温速率自动控制。初熔、终熔温度读数可自动储存，具有无需人监视的功能。

图3-6 WRS-1A型数字熔点仪

仪器采用毛细管作为样品管，具体操作步骤如下：

① 开启电源开关，稳定20min，此时保温灯、初熔灯亮，电表偏向右方，初始温度为50℃左右。

② 设定起始温度。通过起始温度按钮输入温度数值，预置灯亮，设定完毕时预置灯灭。

③ 插入样品毛细管。插入样品管前，要用干净软布将外面的污物清除，否则长时间插座下面会积垢，导致无法检测。

④ 设定升温速率。选择升温速率，将波段开关调至需要位置。此时电表基本指零，初熔灯熄灭。

⑤ 零点调节。旋转调零按钮，使电表完全指零。

⑥ 启动升温。按下升温按钮，仪器按选定的速率线性升温，升温指示灯亮。数分钟后，

初熔指示灯先闪亮，然后出现终熔读数。只要电源未切断，上述数值将保留至测下一个样品。欲知初熔读数，按下初熔按钮即得初熔示值。

⑦ 联机数据处理。用电缆连接熔点仪和计算机（仅 WRS-1B 有此功能），计算机执行 WRS 程序，可实现测试过程中熔化曲线绘制以及结果显示等功能。

⑧ 再次装填样品，重复上述步骤至少三次，取平均值即为样品的熔点。

五、注意事项

① 浴液的选择：熔点在 80℃ 以下的用蒸馏水，熔点在 200℃ 以下的用液体石蜡、浓硫酸或磷酸，熔点在 200~300℃ 之间的用硫酸和硫酸钾的混合溶液（7∶3）。

② 特殊样品熔点的测定

i. 对于易升华样品，应在样品装入后，将熔点管上端也封闭起来放入热浴中。由于压力对熔点影响不大，因此封闭的毛细管对熔点测定的影响可忽略不计。

ii. 对于易吸潮样品，装样速度要快，装好后立即封闭熔点管上端，以免试样吸潮而导致测定值降低。

iii. 对于易分解样品，由于分解产物的生成（产生气体，发生炭化或变色等）将导致测定值降低，而分解产物生成的多少则与加热时间的长短相关，因此其测定值与加热速度密切相关。例如将酪氨酸缓慢升温测得熔点为 280℃，而快速升温测得熔点为 314~318℃；将硫脲缓慢加热测得熔点为 157~162℃，而快速加热测得熔点为 180℃。因此对于易分解样品熔点的测定，需作较详细的说明，并在测定值后的括号内注明"分解"。

iv. 对于低熔点样品，应将装有样品的熔点管与温度计一起冷却，使样品成为固体，再将熔点管与温度计一起移至一个冷却到同样低温的双套管中，撤去冷却浴，容器内温度慢慢上升，观察熔点。

③ 使用浓硫酸为加热介质时要特别小心，不能让有机物（如橡胶圈）碰到浓硫酸，否则会使溶液颜色变深而有碍观察。若出现这种情况，可加入少许硝酸钾晶体共热使之脱色。

④ 测定工作结束后老师要求回收浴液，一定要等浴液冷却后方可倒回瓶中；温度计也要等冷却后，用废纸擦去浴液并进行冲洗，否则温度计极易炸裂。

六、思考题

① 测定熔点时，若有下列情况将产生什么结果？

i. 熔点管壁太厚；

ii. 熔点管底部未完全封闭，尚有一针孔；

iii. 熔点管不洁净；

iv. 样品未完全干燥或含有杂质；

v. 样品研得不细或装得不紧密；

vi. 加热升温太快。

② 是否可以使用已测过熔点的有机化合物经冷却结晶后再作第二次测定呢？为什么？

3.2 沸点

一定温度下，在液体内部和表面同时发生的剧烈汽化现象称为沸腾。沸点是液体沸腾时的温度，也就是液体的饱和蒸气压与外界压力相等时的温度。不同液体的沸点是不同的。液体的沸点跟外部压力有关：当液体所受压力增大时，沸点升高；压力减小时，沸点降低。

杂质对沸点的影响与杂质的性质有关：如果样品中混有沸点相同的杂质时，理想条件下样品的沸点不变；如果混有挥发性杂质时，样品沸点呈现较大的变化，该变化与杂质的性质和量有关。一般情况下，少量杂质对沸点的影响不如对熔点的影响显著。因此化合物的沸点不具备纯度鉴定作用。

3.2.1 蒸馏法

当待测样品量较大时，采用蒸馏的方法（见2.9.1）进行沸点测定。

蒸馏时，应根据样品的沸点确定冷凝管种类。测定时，通常使用25～100mL样品，加入清洁、干燥的沸石防止爆沸。加热5～15min使样品沸腾，调节加热速度使馏出速度为2～3mL/min。需要注意的是，通常读取自冷凝管开始馏出第5滴液体时至待测样品仅剩3～4mL、或已馏出90%液体时，温度计上所显示的温度范围，为待测样品的沸程。

3.2.2 气液平衡法

当待测样品量较少时，采用气液平衡法进行沸点测定，装置图见图3-7。

测定时，将液体在测定装置中加热到沸腾并回流，记录温度。这种测定方法所需样品量为数毫升。

3.2.3 半微量/微量法

当待测样品量更少时，采用半微量或微量法进行沸点测定，装置图见图3-8。

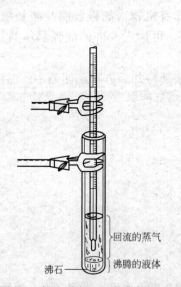

图3-7 气液平衡法测定沸点装置图

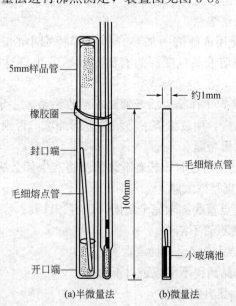

图3-8 半微量法和微量法测定沸点装置图

以半微量法为例［图3-8（a）］，测定时，向直径为5mm的样品管中加入液体，将一端封口毛细熔点管开口向下放入。将上述样品管用橡胶圈固定在温度计上，放入浴液中进行加热，至毛细管中有快速且连续的气体释放。停止加热，气泡释放速度放慢直至停止，液体开始进入毛细管内，此时温度计的温度为液体的沸点。

微量法［图 3-8（b）］测定沸点的方法与半微量法相似，但所需的样品量更少。

实验 2　蒸馏及沸点的测定

一、实验目的
① 理解蒸馏、沸点等基本概念。
② 熟练掌握蒸馏装置的搭建、半微量法测定沸点的装置及使用方法。

二、实验原理
　　液体有机化合物的温度达到沸点时，液体表面的蒸气压增大到与外界施加给液面的总压力相等，大量气泡不断从液体内部溢出，液体开始沸腾，测定此时液体的温度即为沸点。
　　常量法测定沸点时，由于产生的蒸气量较大，且测量的是稍冷却的蒸气温度，一般来说测定结果略微偏低。但有时在测定时，发现馏出物沸点往往低于（或高于）该化合物沸点，或者有时馏出物的温度一直在上升，这可能是因为混合液体组成比较复杂，沸点又比较接近的缘故，采用简单蒸馏难以将它们分开，可考虑采用分馏（见 2.9.3）。
　　半微量法测定沸点的原理与常量法相似，因使用毛细管，测试样品的使用量较小。此法测定的是蒸发界面外浴液的温度，一般测定结果略微偏高。

三、仪器和药品
仪器：蒸馏装置，温度计（0～200℃），玻璃管，熔点毛细管，橡胶圈等。
药品：无水乙醇，蒸馏水，石蜡油。
装置图：图 1-7（a）（常量）、图 3-8（a）（半微量）。

四、实验步骤
1. 常量法
测定无水乙醇和蒸馏水的沸点，具体操作见 2.9.1。
2. 半微量法
以石蜡油为热载体，测定无水乙醇的沸点，具体操作见 3.2.3。

五、注意事项
① 沸石的加入：为了消除在蒸馏过程中的过热现象和保证沸腾的平稳状态，常加入沸石或一端封口的毛细管，防止加热时的暴沸现象，也称为止暴剂或助沸剂。值得注意的是，不能在液体沸腾时加入止暴剂，也不能使用已用过的止暴剂。
② 蒸馏及分馏效果好坏与操作条件有直接关系，其中最主要的是控制馏出液流出速度，以 1～2 滴/s 为宜，不能太快，否则达不到分离要求。
③ 当加热时不再有馏出液蒸出、且温度突然下降时，应停止蒸馏，即使杂质量很少也不能蒸干，特别是蒸馏低沸点液体时更要注意不能蒸干，否则极易发生意外事故。蒸馏完毕后，应先停止加热，再停止通冷却水，最后拆卸仪器，拆卸顺序与安装时相反。
④ 物质的沸点随外界大气压的改变而变化，因此测定物质沸点时一定要同时测定相同环境下的大气压，才能与文献记载值相比较。例如，水在 101.325kPa 时沸点是 100℃，但在 202.65kPa 时的沸点是 119.6℃，分别标记为：100℃/101.325kPa 和 119.6℃/202.65kPa。

六、思考题
① 什么叫沸点？液体的沸点和大气压有什么关系？文献记载的某物质沸点是否即为所

测试的该物质的理论沸点？

② 蒸馏时加入沸石的作用是什么？如果蒸馏前忘记加沸石，能否立即将沸石加至将近沸腾的液体中，应该如何操作？当再次蒸馏时，用过的沸石能否继续使用，为什么？

③ 为什么蒸馏时最好控制馏出液的速度为 1～2 滴/s 为宜？

④ 如果液体具有恒定的沸点，那么能否认为它是单纯物质？

⑤ 分馏和蒸馏在原理及装置上有哪些异同？

⑥ 什么叫共沸物？为什么不能用分馏法分离共沸混合物？

3.3 折射率

光线在传输过程中，若传递介质发生改变，则光线的传输速度和方向也会发生变化，这种现象称为光的折射，如图 3-9 所示。

介质的折射率 n 等于光在真空中的速度 c 与在介质中的速度 v 之比，即 $n=c/v$。当光线由介质 1 进入介质 2 时，折射率 n 为入射角 θ_1 与折射角 θ_2 的正弦比，即 $n=\sin\theta_1/\sin\theta_2$。

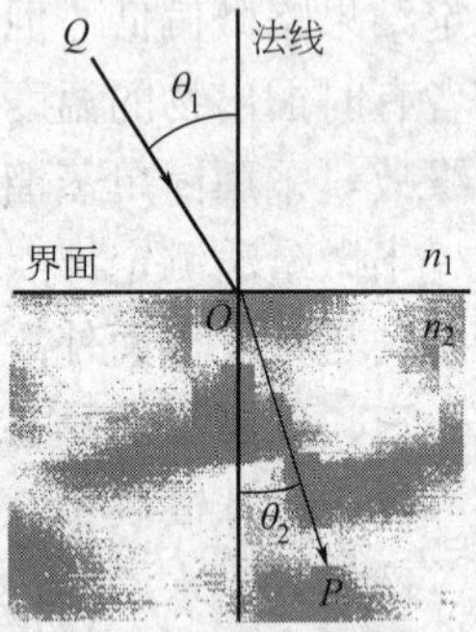

折射率又称折光率，是物质的特性常数之一。固体、液体和气体都有折射率。对有机化合物而言，折射率是物质纯度的标志，可用来鉴定未知有机化合物。折射率与物质结构、入射光线波长、温度和压力等因素有关。

通常温度升高，物质折射率变小，可通过下式将某一温度下所测得的折射率粗略地换算成另一温度下的折射率：

$$n_D^T = n_D^t + 4.5 \times 10^{-4}(t-T)$$

图 3-9 光线的折射

式中，T 为换算后的温度；t 为测定时的温度。

光线的波长越短，折射率就越大。使用单色光要比用白光时测得的数值更为精确。实际测试中常用钠光作光源（波长为 589.3nm，用 D 表示），温度用仪器（如恒温水浴槽）维持恒定，折射率用 n_D^{20} 表示，即以钠光为光源、20℃时所测定的 n 值。

大气压的变化对折射率的影响不明显，只是在精密测定时才考虑。

折射率也可用于确定液体混合物的组成。当各组分结构相似和极性较小时，混合物的折射率和物质的量之间成简单的线性关系。因此在蒸馏两种以上的液体混合物且当各组分沸点彼此接近时，就可以利用折射率来确定馏分的组成。

3.3.1 折射仪

液体折射率的测定使用阿贝（Abbê）折射仪，常用阿贝折射仪如图 3-10 和图 3-11 所示。

阿贝折射仪可使用白光（即可见光部分为 400～700nm 各种波长的混合光）作为光源。不同波长的光在相同介质中传播速度不同而产生色散现象，界面出现各种颜色，可用观测筒下方的补偿棱镜将色散后的光补偿到钠黄光的位置，仍可得到相当于使用钠黄光的结果。

阿贝折射仪读数应精确到 0.0001，测量范围在 1.3～1.7。测定前，应用专用棱镜水进行校正，专用棱镜水折射率在 20℃时为 1.3330，25℃时为 1.3325，40℃时为 1.3305。测定时，应在恒定温度下重复测量 3 次，其平均值即为样品折射率。

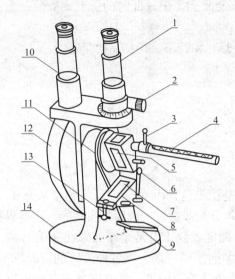
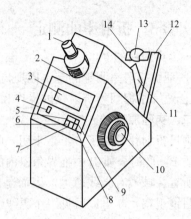

图 3-10 阿贝折射仪

1—观量目镜；2—消色补偿器；3—循环恒温水接头；4—温度计；5—测量棱镜；6—铰链；7—辅助棱镜；8—样品加入孔；9—平面反光镜；10—读数目镜；11—转轴；12—手轮；13—折射棱镜锁紧扳手；14—底座

图 3-11 WAY-2S 数字阿贝折射仪

1—目镜；2—色散校正手轮；3—显示窗；4—电源开关；5—"Read"键；6—"BX-TC"键；7—"n_D"键；8—"BRIX"键；9—"TEMP"键；10—调节手轮；11—棱镜；12—照明灯转臂；13—照明灯；14—聚光镜筒

3.3.2 测定

阿贝折射仪测定折射率步骤如下：

① 将阿贝折射仪置于明亮处，但避免阳光直射。调节恒温槽到所需温度，并将恒温水通往棱镜组夹套中，恒温。

② 转动棱镜锁紧扳手，向下打开棱镜，用擦镜纸将棱镜擦拭干净后，将棱镜闭合，待用。

③ 打开棱镜，用滴管吸取适当待测液体，滴加至辅助棱镜上（应避免滴管底部边缘处划伤棱镜面），再闭合棱镜，旋紧锁紧扳手。

④ 调节反光镜，通过目镜观测，使光强适中。调节棱镜（注意旋转方向），转动手轮以转动棱镜组，使明暗界限落于十字交叉处，见图 3-12（c）。

⑤ 由于色散，在明暗界限处出现彩色线条，调节消色补偿器旋钮使色散消失，而留下明暗分明的分界线，见图 3-12（c）。

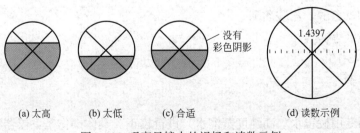

(a) 太高　(b) 太低　(c) 合适　(d) 读数示例

图 3-12 观察目镜中的视场和读数示例

⑥ 仔细调节棱镜，使明暗界限恰好通过十字交叉点，记录此时的折射率数值；重新调节并再次读数，两次折射率数值相差应不大于 0.0002。

⑦ 打开棱镜，用擦镜纸擦拭棱镜，并使之干燥，留待下一份样品的测定。

实验3 折射率的测定

一、实验目的

① 理解折射率测定的基本原理与方法。

② 熟练掌握阿贝折射仪的操作和使用。

二、实验原理

阿贝折射仪采用了"半暗半明"的方法，就是让单色光由 0°~90°所有角度从介质 A 射入介质 B，此时介质 B 中临界角以内的整个区域均有光线通过，因而是明亮的，而临界角以外的所有区域没有光线通过，因而是暗的，明暗两区界线十分清楚。如果在介质 B 的上方用一目镜观察，就可以看见一个界线十分清楚的半明半暗视场。因各种液体的折射率不同，要调节入射角始终为 90°，在操作时只需旋转棱镜转动手轮即可，从刻度盘或显示窗可直接读出折射率。

阿贝折射仪操作简便，是实验室普遍使用的测定折射率的仪器。如图 3-13 所示，由目视望远镜部件和色散校正部件组成的观察部件来瞄准明暗两部分的分界线，也就是瞄准临界角的位置，并由角度-数字转换部件将角度量转换成数字后输入微机系统进行数据处理，而后数字显示出被测样品的折射率。

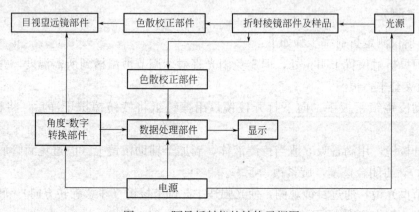

图 3-13 阿贝折射仪的结构示框图

三、仪器和药品

仪器：阿贝折射仪，超级恒温水浴锅等。

药品：丙酮，乙醇，乙酸乙酯。

其他：擦镜纸等。

装置图：图 3-10。

四、实验步骤

1. 校正

测定前，用专用棱镜水（高纯度蒸馏水）进行校正。具体操作是：仪器恒温后，用擦镜纸蘸少许乙醇或丙酮，按同一方向把上下两棱镜镜面轻轻擦拭干净，待完全干燥后，在辅助棱镜上滴 1～2 滴高纯度蒸馏水,闭合棱镜;通过目镜观察视场,同时旋转调节手轮和色散校正手轮,使视场中明暗两部分具有良好的反差,明暗分界线具有最小的色散,视场内明暗分界线准确对准交叉线的交点 [图 3-12 (c)]。若有偏差,可用钟表螺丝刀(螺钉旋具)通过色散校正手轮中的小孔,小心旋转里面的螺钉,使分划板上交叉线上下移动,使明暗界线与十字交叉重合;然后进行测量,直到测量值符合要求为止。校正完成后,在后续的测定过程中不允许随意再动此部位。

2. 测定

测定乙酸乙酯的折射率。测定温度由教师根据实际情况而定,可选室温或其他温度。具体操作见 3.3.2。

五、注意事项

① 实验中温度问题不可忽视,一般通入恒温水约 20min 后温度才能恒定。若实验时间有限或无恒温水槽,可先准确测定室温,然后用换算公式将室温下测得的折射率换算成所需温度下近似的折射率。

② 为确保仪器的精度,防止损坏,应注意对仪器的维护和保养,并做到:i.仪器应放在干燥、空气流通和温度适宜的地方,以免仪器的光学零件受潮发霉。ii.仪器使用前后,必须用丙酮或乙醇清洗干净棱镜表面并干燥,以防残留其他物质而影响成像清晰度和测量精度。iii.不能在棱镜面上造成刻痕,不可测定强酸、强碱等具有腐蚀性的液体。iv.仪器聚光镜是塑料制成的,必要时用透明塑料罩将聚光镜罩住。v.要保持仪器清洁,严禁用油手或汗手触及光学零件,如沾上了污垢,应及时用酒精-乙醚混合液擦干净。vi.仪器应避免强烈震动或撞击。仪器不用时,应用塑料罩将仪器盖上或将仪器放在箱内,箱内应存有干燥剂。

六、思考题

① 测定物质的折射率,意义何在?
② 每次测定样品折射率前后,为什么要擦洗上、下棱镜面?
③ 假定测得松节油的折射率 $n_D^{30} = 1.4710$,在 25℃时其折射率的近似值是多少?

3.4 旋光度

有机化合物对映异构体的物理性质(如熔点、沸点、折射率等)和化学性质(非手性环境下)基本相同,但对平面偏振光的旋光性能不同。当平面偏振光通过具有光学活性的物质时,由于物质的旋光作用,其振动方向会发生偏转。使偏振光振动平面向右旋转的物质称为右旋体,用"+"表示,使偏振光振动平面向左旋转的物质称为左旋体,用"-"表示。振动平面旋转的角度称为旋光度,用"α"表示。

物质的旋光性取决于其结构的非对称性,旋光度的大小与测定时所用溶液的浓度、光程长度、温度、光源波长及溶剂的性质有关。常用比旋光度 $[\alpha]_\lambda^t$ 来表示物质的旋光性:

$$[\alpha]_\lambda^t = \frac{\alpha}{\rho l}$$

式中:右上标 t 为实验温度;右下标 λ 为所用光源波长;ρ 是溶液的质量浓度,g/mL;l 是盛液管长度,dm。

比旋光度像熔点、沸点、相对密度和折射率一样,也是化合物的一种性质。例如:将 200mg 薯蓣皂苷元溶于 10mL 氯仿配成溶液,在 25℃下置于 1dm 盛液管内,用 589nm 光源测得旋光度为-2.52°，则薯蓣皂苷元的比旋光度为：

$$[\alpha]_D^{25} = \frac{\alpha}{\rho l} = \frac{-2.52}{0.2/10 \times 1} = -126°$$

此数据记录为 $[\alpha]_D^{25} = -126° \text{dm}^2/\text{kg}\,(c=2\text{mol/L},\text{CHCl}_3)$。

3.4.1 旋光仪

旋光仪是测定物质旋光度的仪器。市售旋光仪分为两大类，一类是直接目测，另一类是自动显示数值。旋光仪主要由钠光源、起偏镜、盛液管（旋光管）和检偏镜组成（图3-14）。

由于肉眼判断偏振光在通过旋光物质前后的光强度时，视觉误差较大，为精确测量物质旋光度，旋光仪结构上采用三分视场设计，如图3-15所示。当检偏镜主截面与通过石英片后偏振光的偏振平面平行时，出现中间亮两边暗的现象［图3-15（b）］，其原理详见仪器说明书或其他专著。测定时，通过测量检偏镜主截面相对于起偏镜的旋转角度，即得旋光度α。

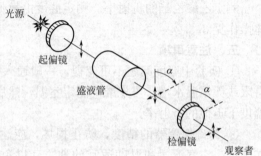

图3-14 旋光仪光学系统示意图

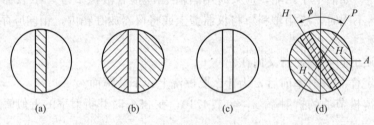

图3-15 三分视野的明暗示意图

3.4.2 测定

以 WZZ 数字式旋光仪为例（图3-16），操作步骤如下。

① 开机：将仪器接入220V交流电源，打开电源开关，钠光灯亮，经5min预热使之发光稳定后，按下"测量"开关，这时数码管应有数字显示。

② 零点校正：将装有蒸馏水或其他空白溶剂的旋光管放入样品室，盖上箱盖，待显示数字稳定后，按下"清零"按键，使数码管显示数字为零。按下复测开关，再次清零，重复该操作三次。

一般情况下，仪器在不放旋光管时读数为零，放入无旋光性溶剂后读数也应为零。但有时测试光束通路上有小气泡，或旋光管护片上沾有油污、不洁物时，其读数不为零。若出现这种情况，必须仔细检查上述因素或用装有溶剂的空白旋光管放入试样槽后再清零，还应注意标记旋光管安放时的位置和方向。

③ 测定：取出旋光管，倒掉空白溶剂，用待测溶液润洗2～3次后，将待测样品装入旋光管，按相同的位置和方向放入样品室内，盖好箱盖。按下"测量"开关，仪器数显窗将显

示该样品的旋光度。按下"复测"按钮,重复读数 3 次,取平均值作为样品的测定结果。

④ 关机:测定完毕后,将旋光管中的液体倒出,洗净并揩干放好;旋光仪使用完毕后,依次关闭光源、电源开关。

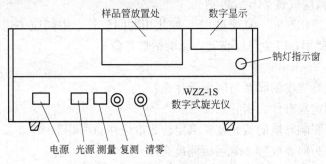

图 3-16　WZZ-1S 型数字式旋光仪面板

实验 4　旋光度的测定

一、实验目的
① 了解旋光仪的构造及测定原理。
② 熟练掌握测定物质旋光度的方法及操作。
③ 学习比旋光度的计算。

二、实验原理
光线从光源经过起偏镜(固定不动的尼科尔棱镜),变为在单一方向上振动的平面偏振光,经过盛有旋光性物质的旋光管时,因物质的旋光性致使偏振光不能通过检偏镜(可转动的尼科尔棱镜),必须转动检偏镜偏振光才能通过。因此要调节检偏镜进行配光,使最大量的光线通过。由标尺盘上转动的角度,可以指示出检偏镜转动的角度,即为该物质的旋光度。

三、仪器和药品
仪器:WZZ-1S 型数字式旋光仪,容量瓶等。
药品:10%葡萄糖溶液。

四、实验步骤
① 溶液的配制:准确称取葡萄糖 10g 溶于 100mL 容量瓶中,定容,放置 24h。配制的溶液应无色透明且无机械杂质,否则应过滤。
② 旋光度的测定:测定 10%葡萄糖溶液的旋光度,零点校正和测定具体操作见 3.4.2。
③ 计算:根据旋光管长度、溶液浓度和测得的旋光度,计算葡萄糖溶液的比旋光度。

五、注意事项
① 旋光管装样:在旋光管中装入蒸馏水或样品溶液时,应使液面凸出管口,将玻璃盖沿管口轻轻推盖好,不要带入气泡,然后垫好橡胶圈,旋转螺母使其不漏水。切记不要拧得过紧,否则玻璃产生扭力,致使管内产生空隙而造成读数误差。盖好后若发现管内仍有少量气泡,可将样品管带凸颈的一端向上倾斜,将气泡移入凸颈部位以免影响测定。
② 注意记录所用旋光管的长度、测定时的温度及所用溶剂(如用水作溶剂可省略)。温度变化对旋光度具有一定的影响,例如钠光下测试,温度每升高 1℃,绝大多数光学活性物质的旋光度会降低 3%左右。

③ 旋光度与光束通路中光学活性物质的分子数成正比。对于旋光度较小的样品，在配制待测样品溶液时，宜将浓度配高一些，并选用长一点的旋光管，以便观察。

④ 测定有变旋现象的物质时，要使样品放置一段时间后才可测量，否则所测定旋光度不准确。葡萄糖溶液应放置 24h 后再测。

⑤ 旋光仪连续使用时间不宜超过 4h。如使用时间较长，中间应关熄 10～15min，待钠光灯冷却后再继续使用，以免降低亮度，影响钠灯寿命。

六、思考题

① 旋光度和比旋光度的联系与区别是什么？
② 旋光度的测定具有什么实际意义？
③ 有哪些因素影响物质的旋光度？测定旋光度应注意哪些事项？
④ 葡萄糖溶液为何要放置 24h 后再测旋光度？

3.5 红外光谱

在波数为 $4000\sim400cm^{-1}$（波长为 $2.5\sim25\mu m$）的红外光照射下，试样分子吸收红外光发生振动能级跃迁，所测得的吸收光谱称为红外光谱（infrared spectrum，IR）。每种有机化合物都有其特定的红外光谱，就像人的指纹一样。根据红外光谱上吸收峰的位置和强度，可以判断待测化合物是否存在某些官能团。

3.5.1 基本原理

由原子组成的分子在不断的振动中，多原子分子具有复杂的振动形式，通常可分为以下几类：①伸缩振动，振动时键长发生变化，但不改变键角的大小。伸缩振动分为对称伸缩振动和不对称伸缩振动。②弯曲振动，振动时键角发生变化，但键长通常不变。弯曲振动可分为面内弯曲振动和面外弯曲振动，如图 3-17 所示。③多原子分子的骨架振动，如苯环的骨架振动。

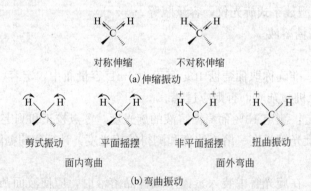

图 3-17　分子振动示意图（+、-表示与纸面垂直方向）

可以把两个成键原子间的伸缩振动近似地看成用弹簧连接的两个小球的简谐振动。根据胡克（Hooke）定律可得其振动频率为：

$$\nu=\frac{1}{2\pi}\sqrt{\frac{K}{\mu}} \qquad \sigma=\frac{1}{2\pi c}\sqrt{\frac{K}{\mu}}$$

式中　μ——折合质量，$\mu=\dfrac{m_1 m_2}{m_1+m_2}$，kg；

　　　K——化学键的力常数，N/m；

　　　σ——波数，cm^{-1}；

　　　c——光速，为 3×10^8 m/s。

一些化学键伸缩振动的力常数如表 3-1 所示。

表 3-1　某些化学键伸缩振动的力常数

键型	O—H	N—H	≡C—H	=C—H	—C—H	C≡N	C≡C	C=O	C=C	C—O	C—C
$K/(N/m)$	7.7	6.4	5.9	5.1	4.8	17.7	15.6	12.1	9.6	5.4	4.5

力常数是衡量价键性质的一个重要参数，与化学键的键能成正比。力常数越大，化学键越强，成键原子质量越小，键的振动频率越高。同一类型的化学键，由于其在分子内部及外部所处环境（电子效应、氢键、空间效应、溶剂极性、聚集状态）不同，力常数并不完全相同，因此吸收峰的位置也不相同。此外，只有引起分子偶极矩发生变化的振动模式才会出现红外吸收峰。化学键极性越强，振动时偶极矩变化越大，吸收峰越强。

红外光谱图通常以波数 ν 或波长 λ 为横坐标，表示吸收峰的位置；以吸光度 A 或透过率 T 为纵坐标，表示吸收强度。如用吸光度表示，则吸收带向上，如用透过率表示，则吸收带向下。后者使用更普遍一些。

红外光谱的吸收强度可用于定量分析，也是化合物定性分析的重要依据。红外光谱用于定量分析时，吸收强度在一定浓度范围内符合朗伯-比尔定律；用于定性分析时，根据其摩尔消光系数可区分吸收强度级别。

红外光谱吸收的强度受狭缝宽度、温度和溶剂等因素的影响，强度不易精确测定。在实际的谱图分析中，往往以羰基等吸收作为最强吸收，其他峰与之比较，做出定性的划分。吸收峰的形状有：宽峰、尖锋、肩峰和双峰等。

3.5.2　基团的特征频率

同类化学键或官能团的吸收频率总是出现在特定波数范围内。这种代表某基团存在的吸收峰，称为该基团的特征吸收峰，其最大吸收所对应的频率称为该基团的特征频率。表 3-2 列举了各类有机化合物基团的特征频率。

表 3-2　常见有机化合物基团的特征频率

化学键类型	波数/cm^{-1}	波长/μm
Y—H 伸缩振动吸收峰		
O—H	3650~3100	2.74~3.23
N—H	3550~3100	2.82~3.23
≡C—H	3310~3200	3.01~3.02
=C—H	3100~3025	3.24~3.31
Ar—H	3080~3020	3.31~3.25
—C—H	2960~2870	3.38~3.49
X=Y 伸缩振动吸收峰		

续表

化学键类型	波数/cm^{-1}	波长/μm
C=O	1850~1650	5.40~6.05
C=NR	1690~1590	5.92~6.29
C=C	1680~1600	5.95~6.25
N=N	1630~1570	6.13~6.35
N=O	1600~1500	6.25~6.50
苯环	1600~1450	6.25~6.90
X≡Y 伸缩振动吸收峰		
C≡N	2260~2240	4.42~4.46
RC≡CR	2260~2190	4.43~4.57
RC≡CH	2150~2100	4.67~4.76

我们把 4000~1300cm^{-1} 称为特征频率区，因为该区域里的吸收峰主要是特征官能团的伸缩振动所产生的；把 1300~400cm^{-1} 称为指纹区，该区域里吸收峰通常很多，而且不同化合物差异很大。特征频率区用来判断化合物是否具有某种官能团，而指纹区用来区别或确定具体化合物。习惯上把同一官能团因振动方式不同而产生的不同位置的吸收峰称为相关峰，相关峰有助于确定特征官能团的存在。在进行结构鉴定时，我们通常将红外光谱分为八个重要区段分别进行解析，如表3-3所示。

表3-3 红外光谱中的八个重要区段

八个区段/cm^{-1}	波长范围/μm	化学键的振动类型
3650~2500	2.74~3.64	O—H，N—H（伸缩振动）
3300~3000	3.03~3.33	C—H（≡C—H，=C—H，Ar—H）
3000~2700	3.33~3.70	C—H（—CH$_3$，—CH$_2$，—CH，—CHO，伸缩振动）
3270~2100	4.04~4.76	C≡C，C≡N（伸缩振动）
1870~1650	5.35~6.06	C=O（醛、酮、羧酸、酸酐、酯、酰胺，伸缩振动）
1690~1590	5.92~6.29	C=C（脂肪族及芳香族，伸缩振动），C=N（伸缩振动）
1475~1300	6.80~7.69	—C—H（面内弯曲振动）
1000~670	10.0~14.8	=C—H，Ar—H（面外弯曲振动）

3.5.3 仪器及测试

红外光谱仪通常由光源、单色器、检测器和计算机处理系统组成。根据分光装置不同，分为色散型和干涉型。色散型通常采用光栅扫描，目前已较少使用；干涉型采用迈克尔逊干涉仪扫描，即傅里叶变换红外光谱（FT-IR），目前被广泛使用。

FT-IR 利用干涉仪将红外光分成两束，在动镜和定镜上反射回分束器上而发生干涉。相关的红外光照射到样品上，经检测器采集，获得含有样品信息的红外干涉图数据，经计算机对数据进行傅里叶变换后，得到样品的红外光谱图。现今的某些 FT-IR 仪器采用单束干涉光，可使仪器体积变小，便于携带。傅里叶变换红外光谱测量速度快、灵敏度和分辨率高、可重复性好，只需很少的样品就可得到良好的谱图，也容易与其他测试仪器联用。图 3-18

为傅里叶变换红外光谱仪器示意图。

固体、液体和气体都可进行 FT-IR 测试。

KBr 压片法：最常用的方法，适用于一般的固体样品。取 2～3mg 干燥的固体样品与 100～200mg 干燥的 KBr 加到玛瑙研钵中，充分研磨混匀，将固体粉末粉碎至直径在 2μm 以下，然后装入特制的模具（压片机或压片器）中，压制成透明的圆薄片。压片法得到的光谱图可能在 3440cm^{-1} 和 1640cm^{-1} 附近出现水的红外吸收峰。对于难以压片的样品，例如无机粉末、颜料、染料等，可采用漫反射附件进行分析；固体薄膜如果透明效果不好，可采用 HART 附件进行测定；若样品无法粉碎，例如固体的表面涂层等，可采用 30°反射附件测定。

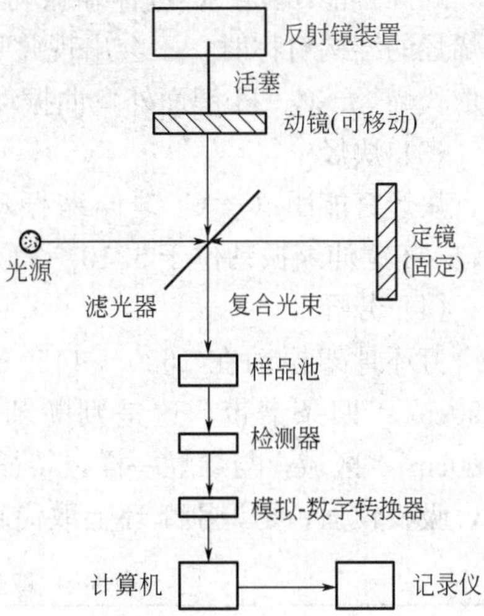

研糊法：取 3～5mg 固体样品与 2～3 滴研糊油在玛瑙研钵中充分研磨，使固体颗粒直径在 2μm 以下，然后将液糊涂在两块 KBr 晶体之间（或涂在一片 KBr 表面）进行测定。高沸点的石蜡油（nujol）经常用作研糊油，但在 2918cm^{-1}、1458cm^{-1}、1378cm^{-1}、720cm^{-1} 处存在吸收峰。当其吸收峰干扰样品吸收峰时，可用 Flouroloube（一种全氟氯代烃）进行研糊。

图 3-18 傅里叶变换红外光谱仪器示意图

薄膜法：主要用于树脂、塑料等高分子化合物的测试，可使样品从溶液中沉积到玻璃表面形成透明薄膜，或加热熔融样品，或将样品溶解在低沸点易挥发溶剂中，然后涂在 KBr 晶体片上成膜。使用薄膜法测试时应注意将溶剂除尽，可采用抽真空或缓慢加热的方法，常用溶剂有 CCl_4（＞1333cm^{-1} 处无吸收）和 CS_2（＜1333cm^{-1} 处无吸收），溶剂应与待测样品不发生化学反应。

对于液体样品，可用纯液体或溶液进行测试。若样品沸点较高，可取 1～10mg 将其加到两片 KBr 晶体间形成液膜进行测试；若样品沸点较低，需要用封闭薄液体池来进行测试。

对于气体样品，可使其蒸气进入到已抽真空的气体池中进行测试。气体池应具有气密性，其两端是红外透光的 KBr 片作窗体。

制样时，要调整样品的浓度和厚度，一般使最强峰的透过率为 1％～10％，基线在 90％以上，大多数峰的透过率在 10％～80％。扫描结束后，显示器上出现 IR 谱图，利用数据处理软件对谱图进行平滑处理，对吸收峰进行标注，最后保存。

3.5.4 有机结构分析中的应用

（1）烷烃

烷烃没有官能团，其红外光谱较简单。区分饱和与不饱和 C—H 键伸缩振动的界限为 3000cm^{-1}。饱和烷烃甲基和亚甲基的 C—H 键伸缩振动出现在 3000～2800cm^{-1} 区域，可作烷基存在的依据；C—H 键弯曲振动在 1460cm^{-1} 和 1375cm^{-1} 处有特征吸收，1375cm^{-1} 处吸收峰对识别甲基很有用，异丙基在 1380～1370cm^{-1} 左右有两个强度相似的双峰；C—C 键伸缩振动在 1400～700cm^{-1} 区域有弱吸收，吸收峰不明显，对结构分析的价值不大；分子中具有—$(CH_2)_n$—链节且当 $n \geq 4$ 时，在 720cm^{-1} 有一弱吸收峰。

(2) 烯烃

烯烃官能团 C=C 键伸缩振动在 $1680\sim1620cm^{-1}$ 左右，共轭使吸收向低频方向移动，当烯烃的结构对称时，不会出现此吸收峰；=C—H 键伸缩振动在 $3100\sim3025cm^{-1}$ 处，不同取代烯烃=C—H 键面外弯曲振动在 $1000\sim650cm^{-1}$ 处。

(3) 炔烃

炔烃官能团 C≡C 键伸缩振动出现在 $2200\sim2100cm^{-1}$ 处，对称炔烃无此吸收峰；≡C—H 键伸缩振动位于 $3310\sim3200cm^{-1}$ 处，峰形尖锐，吸收强度中等。

(4) 芳烃

芳环骨架振动在 $1620\sim1450cm^{-1}$ 区域，一般有 $1600cm^{-1}$、$1585cm^{-1}$、$1500cm^{-1}$、$1450cm^{-1}$ 四条谱带，这是判断苯环存在的主要依据；=C—H 键伸缩振动也在 $3100\sim3000cm^{-1}$ 区域，与烯烃一样，特征性不强；=C—H 键面外弯曲振动出现在 $900\sim650cm^{-1}$ 处，吸收较强，是识别苯环上取代基位置和数目的重要特征峰，如表 3-4 所示。

表 3-4 取代苯的=C—H 面外弯曲振动吸收峰

取代苯类型	=C—H 面外弯曲振动/cm^{-1}
苯	670
单取代苯	$710\sim690$ 和 $770\sim730$
邻二取代	$770\sim735$
间二取代	$710\sim690$ 和 $810\sim750$
对二取代	$810\sim750$ 和 $850\sim810$

(5) 卤代烃

卤代烃官能团 C—X 键的伸缩振动分别出现在 $1400\sim1100cm^{-1}$（C—F）、$800\sim600cm^{-1}$（C—Cl）、$600\sim500cm^{-1}$（C—Br）和大约 $500cm^{-1}$（C—I）处，为强到中强吸收峰；芳卤化合物 Ar—X 键的伸缩振动吸收峰频率变高，Ar—F 键在 $1300\sim1150cm^{-1}$，其余 Ar—X 键在 $1175\sim1000cm^{-1}$ 处。

(6) 醇、酚和醚

醇和酚的官能团 O—H 键，游离羟基的伸缩振动一般在 $3640\sim3610cm^{-1}$ 区，峰形尖锐，无干扰；缔合羟基，由于形成氢键，其伸缩振动在 $3500\sim3200cm^{-1}$ 区域出现宽而强的吸收峰；C—O 键伸缩振动在 $1200\sim1000cm^{-1}$ 处有强吸收，不同醇的 C—O 键伸缩振动频率略有差异，伯醇为 $1050cm^{-1}$，仲醇为 $1100cm^{-1}$，叔醇为 $1150cm^{-1}$，酚为 $1230cm^{-1}$，峰形一般较宽；醚的官能团 C—O—C 键的不对称伸缩振动出现在 $1150\sim1060cm^{-1}$ 处，强度大。

(7) 醛和酮

醛和酮官能团 C=O 键的伸缩振动出现在 $1900\sim1650cm^{-1}$，为强峰，特征明显；醛酮羰基的吸收位置差不多，但醛在 $2820\sim2720cm^{-1}$ 处有两个中等强度的醛氢特征吸收峰，极易识别；而羧酸、酸酐、酯、醌类、酰卤、酰胺等有机化合物中的羰基，吸收峰位置基本上在 $1850\sim1650cm^{-1}$ 区域内。

(8) 酰胺

受氨基影响，酰胺 C=O 键伸缩振动吸收峰向低波数移动，伯酰胺羰基吸收峰位于 $1690\sim1650cm^{-1}$ 处，仲酰胺位于 $1680\sim1655cm^{-1}$ 处，叔酰胺位于 $1670\sim1630cm^{-1}$ 处；

对于 N—H 键而言，游离伯酰胺位于 3520cm^{-1} 和 3400cm^{-1} 处，缔合 N—H 键位于 3350cm^{-1} 和 3180cm^{-1} 处，呈双峰。仲酰胺 N—H 键伸缩振动位于 3440cm^{-1} 处，缔合 N—H 键位于 3100cm^{-1}，呈单峰；伯酰胺 N—H 键弯曲振动吸收峰位于 1640～1600cm^{-1} 处，仲酰胺位于 1530～1530cm^{-1} 处，强度大，特征明显。

(9) 胺

胺官能团 N—H 键的伸缩振动吸收峰位于 3500～3300cm^{-1} 处。游离氨基和缔合氨基吸收峰的位置不同，且峰的数目与氨基氮原子连接的氢原子数目有关，其规律如酰胺。

在应用红外光谱推断有机化合物结构时，通常首先要根据分子式计算该化合物的不饱和度（U）。不饱和度的计算公式为：

$$U = \frac{2n_4 + n_3 - n_1}{2}$$

式中，n_1、n_3、n_4 分别表示一价原子（如氢和卤素）、三价原子（如氮和磷）和四价原子（如碳和硅）的数目。开链饱和化合物的 U 值为 0，一个硝基、一个双键或一个环的 U 值为 1，一个三键的 U 值为 2，一个苯环的 U 值为 4，依次类推。

3.6 核磁共振氢谱

1946 年美国物理学家 Bloch F 和 Purcell E 首次发现核磁共振（nuclear magnetic resonance，NMR）现象。核磁共振是无线电波与处于磁场内的自旋核相互作用，引起核自旋能级的跃迁而产生的。核磁共振谱主要提供分子中原子数目、类型以及键合次序等信息，有的甚至可以直接确定分子的立体结构，是目前研究有机化合物分子结构的强有力的手段之一。

原子序数或原子量为奇数的原子核，即核自旋量子数 $I \neq 0$ 的原子核（例如 ^{1}H、^{13}C、^{15}N、^{17}O、^{19}F、^{31}P、^{35}Cl、^{37}Cl 等），在磁场作用下均可发生核磁共振现象。其中最常用的是核磁共振氢谱（^{1}H NMR）和核磁共振碳谱（^{13}C NMR）。^{1}H 和 ^{13}C 原子核的核自旋量子数 $I=1/2$。本节主要讨论核磁共振氢谱。

3.6.1 基本原理

具有磁矩的原子核是核磁共振研究的主体。原子核是带正电荷的粒子，自旋量子数 $I \neq 0$ 的原子核自旋会产生磁场而形成磁矩，见图 3-19。$I=1/2$ 的 ^{1}H 原子核在外加磁场中，两种自旋的能级出现裂分，与外磁场方向相同的自旋核能量低，用 $+1/2$ 表示；与外磁场方向相反的自旋核能量高，用 $-1/2$ 表示。两者能级差为 ΔE，见图 3-20。ΔE 与外磁场强度 B_0 成正比，其关系式如下：

$$\Delta E = E_{-1/2} - E_{+1/2} = h\nu = \gamma \frac{h}{2\pi} B_0$$

式中，γ 为磁旋比，是核的特征常数，对于 ^{1}H 核而言，$\gamma = 2.675 \times 10^8$ T$^{-1} \cdot$s^{-1}；h 为 Plank 常数；ν 为无线电波的频率；B_0 为外加磁场强度。

用一定频率的电磁波照射外磁场中的 ^{1}H 核，当电磁波的能量正好等于两个能级之差时，^{1}H 核就吸收电磁波的能量，从低能级跃迁到高能级，发生核磁共振。因为只有吸收频率为 $\nu = \gamma B_0/(2\pi)$ 的电磁波才能产生核磁共振，故该式为产生核磁共振的条件。显而易见，实现核磁共振的方式有两种：一是保持外磁场强度 B_0 不变，改变电磁波辐射频率 ν，称为扫频；二是保持电磁波辐射频率 ν 不变，改变外磁场强度 B_0，称为扫场。这两种方式得到的核磁共振谱图相同。目前绝大多数核磁共振仪采用扫场方式。

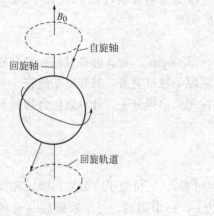

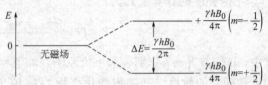

图 3-19　^{1}H 核的自旋与回旋　　　图 3-20　^{1}H 核两种自旋的能级裂分与外加磁场强度的关系

3.6.2　化学位移

化学位移是由核外电子的屏蔽效应所引起的，用 δ 表示。根据发生核磁共振的条件可知，质子共振的磁感应强度只与质子的旋磁比及电磁波照射频率有关。当符合共振条件时，试样中的全部质子都发生共振，只产生一个单峰，这对于测定有机化合物的结构是毫无意义的。但实验事实证明，在相同频率照射下，化学环境不同的质子，即质子周围电子云密度分布不同的质子，在不同的磁感应强度处出现吸收峰。这是因为质子在分子中并不是完全裸露的，而是被价电子所包围。在外加磁场作用下，核外电子在垂直于外加磁场的平面内绕核旋转，产生与外加磁场方向相反的感生磁场 B'，使质子实际感受到的磁感应强度 $B_{实}$ 变小，强度为：

$$B_{实}=B_0-B'=B_0-\sigma B_0=B_0\times(1-\sigma)$$

式中，σ 为屏蔽常数。

核外电子对质子产生的这种作用称为屏蔽效应。显而易见，质子周围电子云密度越大，屏蔽效应越大，只有增加磁感应强度才能使其发生共振吸收。反之，若感生磁场与外加磁场方向相同，则质子实际感受到的磁场为外加磁场与感生磁场之和，这种作用称为去屏蔽效应，只有减小外加磁场的强度，才能使质子发生共振吸收。因此，分子中的质子发生核磁共振的条件为：

$$\nu=\frac{\gamma}{2\pi}\times B_{实}=\frac{\gamma}{2\pi}\times B_0(1-\sigma)$$

综上所述，不同化学环境的质子，其核外电子云密度分布不同，受到不同程度的屏蔽或去屏蔽效应，因而在核磁共振谱的不同位置出现吸收峰，这种吸收峰位置上的差异称为化学位移。不同类型质子的化学位移值不同，可用于鉴别或测定有机化合物的结构。

由于核外电子产生的感生磁场强度 B' 非常小，只有外加磁场的百万分之几，因此要测定质子发生核磁共振频率的精确值相当困难，而精确测定质子相对于标准物质的吸收频率却比较方便。标准物质通常是四甲基硅烷 $[Si(CH_3)_4，TMS]$，该分子吸收呈现为单峰，且屏蔽效应很大，不会与常见化合物的 NMR 信号产生重叠。

化学位移 δ 用表示，其定义为：

$$\delta = \frac{\nu_{样品} - \nu_{TMS}}{\nu_0} \times 10^6$$

式中，δ 为化学位移；$\nu_{样品}$ 和 ν_{TMS} 分别为测试样品和 TMS 的共振频率；ν_0 为操作仪器选用的频率。

国际纯粹与应用化学联合会（IUPAC）建议，将 TMS 的 δ 值定义为零，一般有机化合物质子的吸收峰都在它的左边，即在低场一侧，δ＞0。化学位移值的大小直接反映了分子的结构特征。质子核外的电子云密度大，屏蔽作用强，吸收峰从左向右移，即由低场区向高场区移动，具有较小的化学位移值；质子周围的电子云密度小，去屏蔽作用强，吸收峰从右向左移，即由高场区向低场区移动，具有较大的化学位移值。各种质子的化学位移值（δ）范围见表 3-5，绝大多数化合物的化学位移都在 0～15 范围。

表 3-5 不同类型质子的化学位移值

质子类型	化学位移(δ)	质子类型	化学位移(δ)
RCH_3	0.9	$RCH=CHR$	4.5～5.7
R_2CH_2	1.2	$RC\equiv CH$	2.0～3.0
R_3CH	1.5	ArH	6.5～8.5
RCH_2F	4.4	ArOH	4.5～16
RCH_2Cl	3.7	ROH	0.5～5.5
RCH_2Br	3.5	RNH_2	0.6～5.0
RCH_2I	3.2	$RCONH_2$	5.0～9.4
R_2NCH_3	2.2	RCHO	9.5～10.1
$RCOCH_3$	2.1	$RCOOH, RSO_3H$	10～13
$ROCH_3$	3.4	$RCOOCH_3$	3.7
RCH_2OH	3.6	$ArCH_3$	2.3

3.6.3 自旋偶合与自旋裂分

在核磁共振谱图中，质子的吸收峰并不都是单峰，而是常常出现二重峰、三重峰和多重峰。图 3-21 为 1-硝基丙烷的高分辨 ^{1}H NMR 谱，在 δ＝4.35、2.04、1.12 处出现了三组峰，三者的峰面积之比为 2∶2∶3，从化学位移上看，不难判断出它们分别对应于 H_c、H_b 和 H_a 三种质子，其中 c 为三重峰，b 为六重峰，a 为三重峰。这些峰的出现是由于相邻碳原子上的氢核自旋产生的微小磁场对外加磁场产生了影响。这种使吸收峰发生分裂的现象叫作自旋-自旋裂分（简称为自旋裂分）。氢核的自旋受到相邻碳原子上氢核自旋所产生的磁场的相互作用，叫作自旋-自旋偶合（简称为自旋偶合）。

我们以 H_a—C—C—H_b 为例来讨论自旋裂分。若 H_a 邻近无 H_b 存在，则 H_a 的共振频率为 $\nu=\gamma B_0/(2\pi)$，吸收信号为单峰；若 H_a 邻近有 H_b 存在，H_b 在磁场中的两种自旋取向通过化学键传递到 H_a 处，产生两种不同的感生磁场 $+\Delta B$ 和 $-\Delta B$，使 H_a 的共振频率由 ν 裂分为 ν_1 和 ν_2：

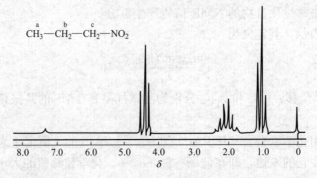

图 3-21 化合物 1-硝基丙烷的 ^{1}H NMR 谱

$$\nu_1 = \frac{\nu}{2\pi}[B_0 \times (1-\sigma) + \Delta B]$$

$$\nu_1 = \frac{\nu}{2\pi}[B_0 \times (1-\sigma) - \Delta B]$$

因此由于 H_b 的偶合作用，H_a 的吸收峰被裂分为双峰。若 H_a 分别相邻一个、两个和三个质子，则由于偶合 H_a 分别呈现双重 (1:1)、三重 (1:2:1) 和四重 (1:3:3:1)，见图 3-22。

在一级谱图中，自旋裂分所产生谱线的间距称为偶合常数，用 J 表示，单位为 Hz。根据相互偶合质子间间隔化学键的数目，可将偶合作用分为同碳偶合（^2J）、邻碳偶合（^3J）和远程偶合。偶合常数的大小表示偶合作用的强弱，与两个偶合核之间的相对位置和所处的环境有关；对饱和体系而言，间隔化学键数目超过 3 个时，J 值趋近于零；对于电负性大的杂原子（如 N、O 等）上的质子，由于易发生电离和快速交换作用，通常不参与偶合且吸收峰变宽。

在 NMR 谱图中，化学环境相同的核具有相同的化学位移，称为化学等同核；分子中的一组核，若化学等同，且对组外任何一核的偶合常数也相同，称为磁等同核。磁等同核之间的偶合作用不产生峰的裂分，磁不等同核之间的偶合作用产生峰的裂分。例如：在 1-氯乙烷

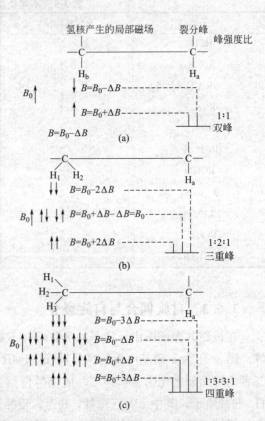

图 3-22 相邻质子吸收峰裂分简单原理

分子中，甲基上的三个质子是化学等同核，亚甲基上的两个质子亦是化学等同核；在 1,1-二氟乙烯分子中，$^3J_{H_aF_a} \neq ^3J_{H_bF_a}$，两个质子是化学等同核，但不是磁等同核。

当两组或几组磁等同核的化学位移差 $\Delta\nu$ 与其偶合常数 J 之比大于 6，即 $\Delta\nu/J > 6$ 时，质子间的相互偶合作用比较简单，NMR 谱呈现为一级谱图。一级谱图具有以下特征：①磁等同质子间不产生偶合裂分；②磁不等同质子间产生偶合，偶合裂分峰数目符合 $n+1$ 规律，n 为相邻的磁等同质子的数目；③若相邻的磁等同质子有多种，则偶合裂分峰数目符合 $(n+1)(n'+1)$ 规律；④裂分峰各峰强度比符合二项式展开系数之比；⑤各裂分峰等距，裂距即为偶合常数 J。

例如：在 CH_3CHCl_2 分子中，—CH_3 的三个质子是磁等同的，与邻近基团—$CHCl_2$ 中的 1 个质子偶合，产生二重（1+1=2）吸收峰，强度比为 1:1；同理—$CHCl_2$ 中的质子，与邻近基团—CH_3 中的 3 个磁等同质子偶合，产生四重（3+1=4）吸收峰，强度比为 1:3:3:1；在 $Cl_2CH—CH_2—CHBr_2$ 分子中两端基团—Cl_2CH 和—$CHBr_2$ 中的质子为磁不等同核，因而中间基团—CH_2—中的质子偶合裂分为四重峰 [(1+1)(1+1)=4]，强度比接近 1:3:3:1；在 CH_3CH_2OH 分子中，—OH 质子由于质子间的快速交换，而呈现为一个尖峰。

3.6.4 仪器及测试

核磁共振仪主要由强的电磁铁、电磁波发生器、样品管和信号接收器组成，示意图见图 3-23。现代仪器中，记录器由一台功能较强的计算机所替代，可进行数据的存储与处理，尤其是可通过它来控制仪器进行测试。样品管在气流吹拂下悬浮在电磁铁之间不停地旋转，使样品受到均匀的磁场作用。现代核磁共振仪还选配了自动进样装置，减少了手动进样的不便。

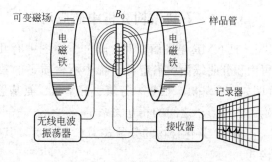

图 3-23 核磁共振仪示意图

进行测试时，可以固定磁场改变频率，也可以固定频率改变磁场，扫描方式均为连续扫描。连续波核磁共振仪扫描时间长、灵敏度低，现已基本被傅里叶变换核磁共振仪所替代。傅里叶变换核磁共振仪在测试时，用能够覆盖所有磁性核的短脉冲无线电波照射样品，使所有磁性核同时发生跃迁，信号经计算机处理得到脉冲傅里叶变换核磁共振谱，其最大优点是可以短时间内进行多次脉冲信号叠加，用很少的样品得到更清晰的谱图，并能测试多种磁性核及二维、三维谱图。

测试前，首先应选择合适的氘代溶剂将样品溶解。要求氘代溶剂对样品有较好的溶解度，不与待测物质发生化学反应，理想的溶剂还应具有黏度小、沸点低、价格便宜等特点。为了方便，可选择加有少量 TMS 为内标的氘代溶剂，以保证锁定磁场信号。

常用的氘代溶剂有：$CDCl_3$、DMSO-d_6、D_2O、CD_3OD、CD_3COCD_3、C_6D_6、DMF-d_7 等，其中 $CDCl_3$ 最常用。值得注意的是，不可能得到 100% 的氘代溶剂，总会残留少量未氘代的溶剂，在谱图上就会出现溶剂峰；同时氘代溶剂中还常常含有少量水分，会出现水峰。例如 $CDCl_3$ 中所含的少量 $CHCl_3$ 在 $\delta=7.26$ 处出溶剂峰（单峰）、所含的少量 H_2O 在 $\delta=1.56$ 处出水峰（单峰）。因此在配制溶液前，应先查阅文献，避开溶剂峰的存在对待测物质中各种质子化学位移的测试结果产生干扰，甚至更换其他的氘代溶剂进行测试。

对于 ^1H NMR，一般取 5~10mg 样品，溶于 0.5~0.6mL 溶剂中，液面至少 5cm 高。

通常样品浓度不超过 0.3 mol·L^{-1}，若样品过浓，可能会导致测试时调谐困难，信号峰变宽，甚至出现峰包。具体操作是：将固体或液体添加到核磁管中，用细口长滴管加入氘代溶剂，振摇或超声使样品溶解并混合均匀，盖好管帽（尽量避免管帽与待测溶液接触）。若样品对氧气或水分敏感，可在史兰克线上将样品装入特制的核磁管中，其顶端为带气体阀门和支管的密封管帽；若样品在室温下不稳定，可将其保存在小液氮罐或盛有冷却剂的杜瓦瓶中，测试时再将其取出。

在测试时还应注意以下几点。

① 标记装有样品的核磁管，可用标签纸写明样品名称和所用溶剂（^{1}H NMR 中常见的溶剂残留见附录6），一般将标签纸转圈均匀贴到核磁管上部（与转子夹持位置错开），以保证核磁管的自由旋转不受影响。

② 设置测试软件时，务必选对测试核和所用溶剂；手动进样时，务必在软件提示下进样，尤其在听到气流声音后，方可将带有转子的核磁管放入磁体中，否则会导致核磁管掉下、破碎，甚至损坏仪器。

③ 有些仪器，为了管理方便，已设置好测试程序；但多数仪器仍需要自行设置，经锁场、匀场和调节扫描次数后，达到最佳状态。若初步得到的谱图出峰不理想（噪声大、峰过宽、对称性差、出现倒峰等），应分析原因，重新设置参数后再次进行数据收集和处理。

3.6.5 有机结构分析中的应用

^{1}H NMR 谱图解析时，首先看谱图中有几组峰，由此确定化合物中有几种/几组质子，再由积分曲线面积确定各组峰中所含质子的数目，然后根据化学位移判断质子的化学环境（例如：烷基氢、烯氢、芳氢、羟基氢、氨基氢、醛基氢等），最后根据裂分情况和偶合常数确定各组质子之间的相互关系。

例1：某化合物的分子式为 $C_6H_{10}O_3$，其核磁共振氢谱见图 3-24。请确定该化合物的结构式。

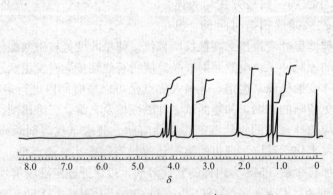

图 3-24　化合物 $C_6H_{10}O_3$ 的 ^{1}H NMR 谱

解：根据分子式，求得化合物的不饱和度 $U=2$，说明分子中可能含 C=O、C=C、碳环或一个三键。谱图中除 TMS 吸收峰外，从低场到高场共有 4 组吸收峰，积分曲线高度之比依次为 2∶2∶3∶3。因分子中有 10 个氢原子，故各组吸收峰依次分别相当于 —CH$_2$—、—CH$_2$—、—CH$_3$ 和 —CH$_3$。

化学位移 5 以上无吸收峰，表明分子中不存在烯氢，则分子中的不饱和键很有可能是

C=O；从峰的裂分数目来看，$\delta=4.1$（四重峰，CH_2）、$\delta=3.5$（单峰，CH_2）、$\delta=2.2$（单峰，CH_3）、$\delta=1.2$（三重峰，CH_3），可推测，$\delta=4.1$ 的质子与 $\delta=1.2$ 的质子相互偶合，且与强吸电子基团相连，表明分子中存在乙氧基（—OCH_2CH_3）；$\delta=3.5$ 的质子和 $\delta=2.2$ 的质子呈现为单峰，表明它们均不与其他质子相邻，由化学位移判断 $\delta=2.2$ 处的质子应与吸电子羰基相连，即为 CH_3CO—基团，$\delta=3.5$ 处的质子应与两个吸电子羰基相连，即为—CH_2—基团。

综上所述，分子中具有以下结构单元：CH_3CO—、—OCH_2CH_3 和—CH_2—。所以该化合物的结构式为 $CH_3COCH_2COOCH_2CH_3$。

例 2：某化合物的分子式为 $C_7H_{16}O_3$，其核磁共振氢谱见图 3-25。请确定该化合物的结构式。

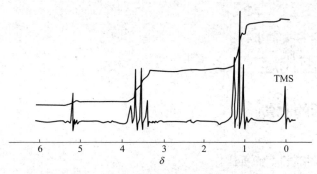

图 3-25 化合物 $C_7H_{16}O_3$ 的 ^1H NMR 谱

解：根据分子式求得不饱和度 $U=0$，说明这是一个饱和的化合物。谱图中除 TMS 吸收峰外，从低场到高场共有 3 组吸收峰，积分曲线高度之比依次为 1∶6∶9，因分子中有 16 个氢，故各组吸收峰依次分别相当于 1 个—CH、3 个等同的—CH_2、3 个等同的—CH_3。

从各组峰的化学位移和裂分来看，$\delta=5.2$（单峰，CH）、$\delta=3.6$（四重峰，$3CH_2$）、$\delta=1.2$（三重峰，$3CH_3$），可推测，$\delta=3.6$ 的质子与 $\delta=1.2$ 的质子相互偶合，且与强吸电子基团相连，表明分子中存在 3 个乙氧基（—OCH_2CH_3）；$\delta=5.2$ 的质子呈现为单峰，表明它不与其他质子相邻，由化学位移判断—CH 应与多个强吸电子基相连。

综上所述，分子中具有以下结构单元：3 个—OCH_2CH_3 和 1 个—CH。所以该化合物的结构式为 $(CH_3CH_2O)_3CH$。

第4章 有机化合物的制备

4.1 烃和卤代烃

实验5 乙苯的制备

一、实验目的
① 掌握回流、蒸馏和干燥等操作。
② 熟悉黄鸣龙改进的 Wolff 还原法的原理和相应实验操作。

二、实验原理
黄鸣龙改进的 Wolff 还原法为：将醛（或酮）、氢氧化钾（或氢氧化钠）、水合肼和三甘醇（或二甘醇）一起加热，使醛（或酮）变成腙，再蒸出水和未反应的肼，温度逐渐上升，达到腙的分解温度，继续回流则可完成反应。

本实验用苯乙酮与水合肼反应生成苯乙酮腙，蒸出水和剩下的肼后，温度升高至 175～180℃时腙分解，生成的乙苯可以从体系中蒸馏出来。反应式为：

$$\text{PhCOCH}_3 \xrightarrow[\text{三甘醇}]{\text{H}_2\text{NNH}_2 \cdot \text{H}_2\text{O, KOH}} \text{PhCH}_2\text{CH}_3 + \text{N}_2\uparrow$$

三、仪器和药品
仪器：磁力搅拌电热套，250mL 二口圆底烧瓶，50mL 锥形瓶，球形冷凝管，直形冷凝管，温度计，蒸馏头，尾接管，分液漏斗，漏斗，50mL 圆底烧瓶等。
药品：苯乙酮，氢氧化钾，三甘醇，80%水合肼溶液，乙醚和无水硫酸镁等。
装置图：图 1-8（b）、图 1-7（a）。

四、实验步骤
合成：在 250mL 二口烧瓶主口上安装球形冷凝管，从侧口加入 7.2g（0.06mol）苯乙酮、50mL 三甘醇、8g 氢氧化钾、7mL 80%水合肼及一枚搅拌磁子后，装上温度计。开启磁力搅拌，加热回流 60min。稍冷后将回流装置改为蒸馏装置，蒸出体系中的水、水合肼和乙苯。当温度达到 175～180℃，且馏出液变慢时，停止蒸馏。

分离与纯化：将馏出液倒出至分液漏斗中，分出有机层，无水硫酸镁干燥约 30min。将干燥好的有机层进行蒸馏，收集 130～137℃的馏分。称量，计算产率。

纯净的乙苯为无色液体，沸点为136℃，$d_4^{20}=1.495$，$n_D^{20}=0.867$。

五、检验与测试

可通过测定折射率、气相色谱、红外光谱和核磁共振氢谱等对乙苯进行检测。

六、注释

① 氢氧化钾可腐蚀烧瓶磨口，加料时应该用加料漏斗。
② 水合肼有腐蚀性和毒性，取用时应戴上手套。
③ 分离与纯化过程中，有机层进行蒸馏时采用塞有脱脂棉的漏斗，将液体滤入烧瓶中。

七、思考题

① 本实验中，分液漏斗中的有机层应该从上口还是下口放出？为什么？
② 如何利用红外光谱判断产物中不含苯乙酮？

实验6 环己烯的制备

一、实验目的

① 学习用酸催化脱水制取烯烃的原理和方法。
② 掌握蒸馏、分馏、分液和液体干燥等操作。

二、实验原理

实验室一般采用环己醇催化脱水制备环己烯，催化剂一般用浓硫酸或浓磷酸。本实验用浓硫酸作催化剂。反应式为：

$$\text{C}_6\text{H}_{11}\text{OH} \xrightarrow[\triangle]{H_2SO_4} \text{C}_6\text{H}_{10} + H_2O$$

为了避免生成的烯烃进一步发生其他副反应，采用分馏装置将产物从反应体系中及时蒸出。

三、仪器和药品

仪器：50mL 圆底烧瓶，50mL 锥形瓶，刺形分馏柱，分液漏斗，小锥形瓶，小漏斗，直形冷凝管和尾接管等。

药品：环己醇，浓硫酸，无水氯化钙，5%碳酸钠溶液，85%磷酸，食盐和沸石等。

装置图：图1-7 (f)。

四、实验步骤

合成：在50mL 干燥的圆底烧瓶中，加入10mL（0.096mol）环己醇、1mL 浓硫酸和一粒磁子。安装好分馏柱，接上冷凝管，用50mL 锥形瓶或圆底烧瓶作接收器并用冰水冷却。小火缓慢加热至反应液沸腾，控制加热速度（分馏柱上端温度不超过90℃），使生成的环己烯和水缓慢蒸出。当烧瓶中只剩下极少量的残渣并出现阵阵白雾时，停止加热。全部蒸馏时间约需 60min。

分离和纯化：馏出液用食盐饱和后，加入3~4mL 5%碳酸钠溶液中和微量的酸。将液体转入分液漏斗分液，有机层（粗产物）倒入干燥的小锥形瓶中，加入无水氯化钙干燥。将干燥后的产物通过置有折叠滤纸的小漏斗（滤去氯化钙），直接滤入干燥的50mL 蒸馏烧瓶中，加沸石后加热蒸馏。收集80~85℃的馏分，称重，计算产率。

纯净的环己烯为无色液体，沸点为83℃，$d_4^{20}=0.810$，$n_D^{20}=1.4465$。

五、检验与测试
可通过测定折射率、气相色谱、红外光谱和核磁共振氢谱来检测环己烯。

六、注释
① 环己醇在室温下是黏稠状液体,加入浓硫酸时应充分混合,以防止其局部炭化。
② 可加入 5mL 85% 的磷酸作催化剂。磷酸作催化剂可避免氧化副反应的发生。
③ 反应中环己烯与水形成共沸物(沸点为 70.8℃,含水 10%),环己醇与环己烯形成共沸物(沸点为 64.9℃,含环己醇 30.5%),环己醇与水形成共沸物(沸点为 97.8℃,含水 80%)。加热温度不宜过高,加热速度不宜过快,以减少环己醇的蒸出。
④ 干燥时间一般应该在 30min 以上。用无水氯化钙干燥还可以除去环己醇。

七、思考题
① 在粗制的环己烯中,加入食盐使水层饱和的目的是什么?
② 制备环己烯时反应后期出现的阵阵白雾是什么?
③ 干燥后的产品在蒸馏前为什么要将氯化钙过滤掉?

实验 7　1-溴丁烷的制备

一、实验目的
① 学习利用正丁醇制备 1-溴丁烷的原理和方法。
② 熟悉回流装置和有害气体吸收装置的应用。
③ 掌握液态有机物的洗涤、干燥和蒸馏等基本操作。

二、实验原理
实验室用正丁醇与溴化钠和硫酸共热制备 1-溴丁烷,反应式为:

$$NaBr + H_2SO_4 \longrightarrow HBr + NaHSO_4$$
$$CH_3CH_2CH_2CH_2OH + HBr \longrightarrow CH_3CH_2CH_2CH_2Br + H_2O$$

为防止溴化氢逸出污染环境,需要在回流装置上安装气体吸收装置。

三、仪器和药品
仪器:100mL 圆底烧瓶,50mL 圆底烧瓶,蒸馏头,球形冷凝管,直形冷凝管,尾接管,200℃ 温度计,150mL 分液漏斗,锥形瓶,气体吸收装置等。
药品:正丁醇,溴化钠,浓硫酸,10% 碳酸钠溶液,无水氯化钙等。
装置图:图 1-8 (e)、图 1-7 (a)。

四、实验步骤
合成:在 100mL 圆底烧瓶中加水 10mL 和一粒磁子,搅拌下缓慢滴入 10mL 浓硫酸后,体系冷却至室温。再依次加入 6.2mL (0.068mol) 正丁醇和 9.0g (0.088mol) 研细的溴化钠,装上球形冷凝管和气体吸收装置(用水作吸收液)。小火加热至沸腾,使反应物保持平稳回流,反应 30min。

分离和纯化:反应结束后,稍冷,将回流装置改为蒸馏装置。加热蒸馏,当馏出液由浑浊变为澄清无油珠时,表示 1-溴丁烷已全部蒸出。馏出液转入分液漏斗分液,将有机层(油层)转入干燥的小锥形瓶中,分两次加入 3mL 浓硫酸,每次都要充分摇匀混合物。将混合物慢慢倒入分液漏斗中,静置分层,放出下层的浓硫酸。有机层依次用 10mL 水、5mL 10% 碳酸钠溶液和 10mL 水洗涤。将下层粗产物放入干燥的锥形瓶中,加入 1~2g 无水氯化钙干燥,间歇振摇,使瓶内液体澄清透明为止(约需 30min)。

干燥后的粗产物通过有折叠滤纸的漏斗，滤入 50mL 圆底烧瓶中，加入几粒沸石，蒸馏收集 99~102℃ 的馏分于已知质量的 100mL 锥形瓶中，称量，计算产率。

纯的 1-溴丁烷为无色透明液体，沸点为 101.6℃，$d_4^{20}=1.275$，$n_D^{20}=1.4401$。

五、检验与测试

可通过测定折射率、气相色谱、红外光谱和核磁共振氢谱来检测 1-溴丁烷。

六、注释

① 在合成时，小火加热后，瓶内常呈红褐色。这是由于溴化氢被硫酸氧化，生成了溴。

② 蒸馏结束时，烧瓶内的残液应趁热慢慢地倒入废液缸中，以免冷却后结块，不易倒出。

七、思考题

① 如果加料顺序为先加溴化钠和浓硫酸，再加其他原料，可以吗？为什么？

② 粗产品中的杂质都有哪些？各步洗涤的目的是什么？

实验 8　2-甲基-2-氯丙烷的制备

一、实验目的

① 了解以醇为原料制备一卤代烷的原理和实验方法。

② 掌握分液漏斗和分馏装置的基本操作。

二、实验原理

2-甲基-2-氯丙烷也称作叔丁基氯。其制备方法既可用叔丁醇与氯化氢作用，也可用异丁烯与氯化氢加成。本实验采用前一种方法。叔丁醇在室温下即可与浓盐酸反应，若用无水氯化锌作催化剂，反应更容易进行。其反应式为：

$$H_3C-\underset{OH}{\underset{|}{\overset{CH_3}{\overset{|}{C}}}}-CH_3 \xrightarrow{ZnCl_2/HCl} H_3C-\underset{Cl}{\underset{|}{\overset{CH_3}{\overset{|}{C}}}}-CH_3$$

三、仪器和药品

仪器：圆底烧瓶，球形冷凝管，分液漏斗等。

药品：叔丁醇，浓盐酸，无水氯化锌，5% Na_2CO_3，无水 $CaCl_2$。

装置图：图 1-8（e）、图 1-7（a）、图 1-7（e）。

四、实验步骤

合成：在 100mL 圆底烧瓶中加入 2.7g（0.02mol）无水氯化锌、15mL 浓盐酸和一粒磁子，搅拌溶解，冷却至室温。再加入 10mL（0.11mol）叔丁醇，搭建好回流冷凝管及气体吸收装置，温和回流 60min。

分离和纯化：反应结束后，稍冷，将回流装置改为蒸馏装置。加热蒸馏，收集 115℃ 以下的馏分。馏出液用分液漏斗分出有机相。将有机相依次用 10mL 水、6mL 5% Na_2CO_3 溶液和 10mL 水洗涤。$CaCl_2$ 干燥 30min 后，用简单分馏装置收集 50~52℃ 的馏分。称重，计算产率。

纯的 2-甲基-2-氯丙烷为无色透明液体，沸点为 51~52℃，$d_4^{20}=0.842$，$n_D^{20}=1.3857$。

五、检验与测试

通过测定折射率、红外光谱和核磁共振氢谱来检测产物，并与文献结果对照。

六、注释

① 产物 2-甲基-2-氯丙烷不溶于酸，当反应瓶上层出现油珠状物质即为反应发生的标志。

本反应中生成的烯烃,在蒸馏时已从产物中除去。

② 由于 2-甲基-2-氯丙烷沸点较低,收集馏分操作时动作要快,以免挥发而造成损失。

七、思考题
① 为什么用分馏装置收集产品而不用蒸馏装置收集产品?
② 实验中,哪些因素会使产率降低?

4.2 醇、酚和醚

实验 9 反-1,2-环己二醇的制备

一、实验目的
① 学习分液漏斗的使用。
② 掌握洗涤、干燥、蒸馏和重结晶等基本操作。

二、实验原理
环氧化合物易与亲核试剂在酸或碱的催化作用下发生反应。本实验用三氯化铋作为 Lewis 酸催化反应,反应式如下:

$$\text{环氧环己烷} + H_2O \xrightarrow{BiCl_3} \text{反-1,2-环己二醇}(\pm)$$

三、仪器和药品
仪器:磁力搅拌电热套,圆底烧瓶(100mL),分液漏斗(100mL),直形冷凝管,蒸馏头,尾接管,锥形瓶,温度计等。

药品:1,2-环氧环己烷,三氯化铋,氯化钠,乙腈,乙醚,乙酸乙酯。

装置图:图 1-8(a)、图 1-7(a)。

四、实验步骤
合成:在 100mL 圆底烧瓶中,加入 30mL 乙腈、30mL 水、1.96g(20mmol) 1,2-环氧环己烷和一粒搅拌子。搅拌下,加入 0.95g(3mmol) 三氯化铋,装上回流冷凝管,室温反应 45min。

分离和纯化:反应结束后,将装置改为蒸馏装置,加热蒸出乙腈。当蒸馏头处温度计读数达到 85℃时,向烧瓶残留的水溶液中加入固体氯化钠使其饱和,用 20mL 乙醚萃取(萃取两次)。乙醚萃取液用无水硫酸钠干燥。滤出干燥剂,小心蒸出乙醚。残余物在冷却后变为固体。用乙酸乙酯进行重结晶,抽滤、干燥、称重、计算产率。

纯的反-1,2-环己二醇为白色或无色晶体,熔点为 102~103℃。

五、检验与测试
可通过测定熔点、红外光谱和核磁共振氢谱进行检测。

六、注释
① 本实验应在通风橱中进行。
② 乙腈和水可形成共沸混合物,共沸点为 76.5℃,含乙腈 83.7%、水 16.3%。乙腈沸点为 81.1℃。

七、思考题

① 本实验中得到反-1,2-环己二醇,而用四氧化锇催化过氧化氢氧化环己烯可直接得到顺式产物,为什么?

② 为什么要在萃取前先蒸出乙腈?

实验 10　2-甲基-2-丁醇的制备

一、实验目的

① 学习 Grignard 试剂的制备方法及应用。

② 熟练掌握蒸馏、回流及液体有机物洗涤和干燥等操作技术。

二、实验原理

格氏（Grignard）试剂是一种化学性质非常活泼的金属有机化合物,它能与醛、酮、酯和二氧化碳反应生成相应的醇或羧酸。本实验利用格氏试剂与酮反应制备相应的醇,其反应为:

$$CH_3CH_2Br + Mg \xrightarrow{(CH_3CH_2)_2O} CH_3CH_2MgBr \xrightarrow[(CH_3CH_2)_2O]{CH_3COCH_3}$$

$$CH_3CH_2-\underset{\underset{CH_3}{|}}{\overset{\overset{OMgBr}{|}}{C}}-CH_3 \xrightarrow{H_2O/H^+} CH_3CH_2-\underset{\underset{CH_3}{|}}{\overset{\overset{OH}{|}}{C}}-CH_3$$

格氏试剂化学性质活泼,实验中应避免水、氧和二氧化碳的存在。因此,实验所用的仪器应干燥,试剂需要经过严格无水处理。

三、仪器和药品

仪器:250mL 三口烧瓶,球形冷凝管,干燥管,50mL 圆底烧瓶,直形冷凝管,蒸馏头,尾接管,50mL 锥形瓶,分液漏斗,恒压滴液漏斗,电动搅拌装置,电热套等。

药品:溴乙烷,镁,无水乙醚,无水丙酮,5% 碳酸钠溶液,无水碳酸钾,20% 硫酸溶液。

装置图:图 1-8 (i)、图 1-7 (a)。

四、实验步骤

合成:①乙基溴化镁的制备。在 250mL 三口烧瓶上分别安装好电动搅拌器、回流冷凝管和恒压滴液漏斗,并在回流冷凝管上口装置氯化钙干燥管。三口烧瓶内加入 3.4g (0.14mol) 镁条及一小粒碘。恒压滴液漏斗中加入 13mL 溴乙烷 (0.17mol) 和 30mL 无水乙醚,混匀。通过滴液漏斗向三口瓶内先滴加 5mL 混合液。数分钟后,反应液呈微沸,碘颜色消失。启动搅拌,并滴入其余的混合液,保持滴加速度使回流平稳。滴加完毕后,再回流 30min。

② 与丙酮的加成反应。将反应液用冰浴冷却,从滴液漏斗中慢慢加入 10mL 无水丙酮 (0.14mol) 和 10mL 无水乙醚的混合液。滴加完毕后,室温搅拌 15min。反应瓶用冰浴冷却,搅拌下自滴液漏斗中慢慢加入 60mL 20% 冷的硫酸溶液分解产物。

分离和纯化:分解完成后,将溶液倒入分液漏斗中,分出醚层。水层用 20mL 乙醚萃取两次,合并醚层。用 30mL 5% Na_2CO_3 洗涤有机层,无水碳酸钾干燥 30min。滤出干燥剂,蒸出乙醚（回收）,残液倒入 50mL 圆底烧瓶中,加热蒸馏,收集 95～105℃ 馏分。称重,计算产率。

纯的 2-甲基-2-丁醇为无色液体，沸点为 102.5℃，$d_4^{20}=0.808$，$n_D^{20}=1.4025$。

五、检验与测试

通过测定折射率、红外光谱和核磁共振氢谱来检测产物，并与文献结果对照。

六、注释

① 所有的反应仪器及试剂必须充分干燥。溴乙烷事先用无水氯化钙干燥并蒸馏纯化。丙酮用无水碳酸钾干燥亦经蒸馏纯化。所用仪器在烘箱中烘干，让其稍冷后，取出放在干燥器中冷却待用。

② 镁带应用砂纸擦去氧化层，再用剪刀剪成约 0.5cm 的小段，放入干燥器中待用。

③ 乙醚应干燥无水。

④ 为了造成溴乙烷局部浓度较大，使反应易于发生和便于观察反应开始发生，故搅拌应在反应开始后进行。若 5min 后仍不反应，可用温水浴加热，或在加热前加入一小粒碘以催化反应。反应开始后，碘的颜色立即褪去。

⑤ 乙基溴化镁的制备中如仍有少量残留的镁，并不影响下面的反应。

⑥ 硫酸溶液应事先配好，放在冰水中冷却待用。分解产物也可用氯化铵的水溶液水解。

七、思考题

① 本实验在水解前的各步中，为什么使用的仪器和药品都必须干燥？

② 本实验有哪些副反应？应如何避免？

实验 11　三苯甲醇的制备

一、实验目的

① 了解由 Grignard 试剂与酯反应制备叔醇的原理。

② 掌握机械搅拌基本操作和水蒸气蒸馏的原理及操作。

③ 进一步巩固普通蒸馏及重结晶等基本操作。

二、实验原理

主反应为：

$$\text{C}_6\text{H}_5\text{Br} \xrightarrow{\text{Mg}, (\text{CH}_3\text{CH}_2)_2\text{O}} \text{C}_6\text{H}_5\text{MgBr} \xrightarrow{\text{C}_6\text{H}_5\text{COOC}_2\text{H}_5, (\text{CH}_3\text{CH}_2)_2\text{O}} \text{(C}_6\text{H}_5)_2\text{C}(\text{OC}_2\text{H}_5)(\text{OMgBr}) \xrightarrow{\text{回流}}$$

$$\text{(C}_6\text{H}_5)_2\text{C=O} \xrightarrow{\text{C}_6\text{H}_5\text{MgBr}, (\text{CH}_3\text{CH}_2)_2\text{O}} \text{(C}_6\text{H}_5)_3\text{COMgBr} \xrightarrow{\text{NH}_4^+\text{Cl}^-, \text{H}_2\text{O}} \text{(C}_6\text{H}_5)_3\text{COH}$$

副反应为：

$$\text{C}_6\text{H}_5\text{MgBr} + \text{C}_6\text{H}_5\text{Br} \xrightarrow{(\text{CH}_3\text{CH}_2)_2\text{O}} \text{C}_6\text{H}_5\text{-C}_6\text{H}_5$$

三、仪器和药品

仪器：电动搅拌器，电热套，250mL 三口烧瓶，球形冷凝管，恒压滴液漏斗，温度计，分液漏斗，干燥管，100mL 圆底烧瓶，直形冷凝管，蒸馏头，尾接管，50mL 锥形瓶，抽滤装置等。

药品：镁屑，溴苯（新蒸），苯甲酸乙酯，无水乙醚，碘，氯化铵，80%乙醇，三苯甲醇，冰醋酸。

装置图：图1-8（i）、图1-7（g）。

四、实验步骤

合成：在250mL三口烧瓶上装置电动搅拌器、回流冷凝管及恒压滴液漏斗，回流冷凝管上口装一干燥管（干燥管内放置氯化钙）。将1.5g（0.062mol）镁屑、一小粒碘加入三口瓶中。滴液漏斗中加入7mL（0.067mol）溴苯和20mL无水乙醚，混匀。通过滴液漏斗向三口烧瓶中滴入约5mL混合液，反应很快开始，碘的颜色也逐渐消失（若仍不反应，可适当加热促进反应）。开始搅拌，将剩下的溴苯-乙醚混合液慢慢滴入，保持反应液微沸。混合液滴加完后，继续加热保持微沸回流30min。用冰水浴冷却三口烧瓶，搅拌下通过滴液漏斗向三口烧瓶中滴加4mL（0.028mol）苯甲酸乙酯和10mL无水乙醚的混合液（1滴/s），保持反应平稳进行。滴加完毕后，继续回流30min。待体系冷却后，搅拌下再由滴液漏斗慢慢加入由7.5g NH_4Cl 配成的饱和溶液（约需28mL水）。

分离和纯化：将反应混合物倒入分液漏斗中，分出醚层。将醚层倒入100mL圆底烧瓶中，加入30mL水和几粒沸石，进行水蒸气蒸馏，蒸出乙醚、未反应的溴苯及副产物联苯，直到无油状物馏出为止。瓶中残余物冷却后析出固体，抽滤，用水洗涤固体。粗产物用80%乙醇重结晶，抽滤、干燥、称重、计算产率。

纯的三苯甲醇为白色棱状结晶，熔点为164.2℃。

五、检验与测试

在一洁净干燥的试管中，加入少许三苯甲醇（约0.02g）及2mL冰醋酸，温热使其溶解。向试管中加入1～2滴浓硫酸，溶液立即为橙红色。向试管中加入2mL水，颜色随即消失，并有白色沉淀生成。

通过测定折射率、红外光谱和核磁共振氢谱来检测产物，并与文献结果对照。

六、注释

① 溴苯中的卤素不活泼，在形成Grignard试剂的过程中作用非常慢，甚至需要加热或者加入少量碘来诱发反应。但碘不能加多。反应开始后会变得非常剧烈，需要用冰水或冷水在反应器外面冷却，使反应缓和下来。

② 反应中使用的仪器都必须经过干燥。反应溶剂乙醚经金属钠处理放置一周后，制备成无水乙醚使用。

③ 镁屑不宜长期放置，如长期放置，镁屑表面常有一层氧化膜，可采用以下方法除之：用5%盐酸溶液作用数分钟后，依次用水、乙醇、乙醚洗涤，抽干后置于干燥器内备用。也可用镁条代替镁屑，用时用细砂纸将其擦亮，剪成小段。

④ 制好的Grignard试剂是呈混浊的有色溶液，若为澄清可能是装置中有水进入，Grignard试剂分解。

⑤ 滴入苯甲酸乙酯后，应注意反应液颜色变化：原色→玫瑰红→橙色→原色。此步是关键。若无颜色变化，此实验很可能失败，需重做。

⑥ 饱和氯化铵溶液溶解三苯甲醇加成产物时，若产生氢氧化镁沉淀太多，可加几毫升稀盐酸以溶解产生的絮状氢氧化镁沉淀，或者在后面水蒸气蒸馏时（有大量水时），滴加几滴浓盐酸以溶解白色的氢氧化镁沉淀，否则溶液很难蒸至澄清。

七、思考与讨论
① 本实验中溴苯一次加入或加入太快,有何不好?
② 影响格氏试剂制备的主要因素是什么?

实验 12 间硝基苯酚的制备

一、实验目的
① 了解实验室通过重氮盐制备酚的原理和方法。
② 掌握低温反应及滴加、搅拌、抽滤和洗涤等操作技术。

二、实验原理

$$\text{间硝基苯胺} \xrightarrow{\text{NaNO}_2/\text{H}_2\text{SO}_4} \text{间硝基重氮盐}(N_2^+ HSO_4^-) \xrightarrow{50\% \text{ H}_2\text{SO}_4} \text{间硝基苯酚}$$

重氮盐水解时,需在强酸性介质中进行,这样可以避免重氮盐与酚之间的偶联。

三、仪器和药品
仪器:250mL 三口烧瓶,球形冷凝管,恒压滴液漏斗,锥形瓶,温度计,100mL 烧杯,普通漏斗,磁力搅拌电热套,抽滤装置等。

药品:间硝基苯胺,亚硝酸钠,浓硫酸,淀粉-碘化钾试纸,刚果红试纸,浓盐酸,活性炭。

装置图:图 2-7、图 1-8(c)。

四、实验步骤
合成:① 重氮盐溶液的制备。将 1.7g(0.025mol)亚硝酸钠溶于 5mL 水中得亚硝酸钠溶液。在 100mL 烧杯中加入 9mL 水,分 2 次加入 5.5mL 浓硫酸得硫酸溶液。将 3.5g(0.025mol)研细的间硝基苯胺和 10~12g 碎冰在搅拌下加入到硫酸溶液中,继续搅拌使其成为糊状。将烧杯放入冰盐浴中冷却至 0~5℃后,再在搅拌下将亚硝酸钠溶液通过滴液漏斗滴加到烧杯中。控制滴加速度,使温度保持在 5℃左右,5min 滴加完。可通过向反应液中加少许碎冰防止温度上升。亚硝酸钠溶液滴加完后继续搅拌 10min。用淀粉-碘化钾试纸检验。若试纸未变蓝,应补加适量亚硝酸钠溶液使其呈蓝色,再用刚果红试纸检测为蓝色即可。将烧杯在冰盐浴中放置 5~10min,部分重氮盐会以固体形式析出。

② 重氮盐溶液的水解。在 250mL 三口烧瓶中加入 12.5mL 水和一粒磁子,搅拌,缓慢加入 16.5mL 浓硫酸,装上球形冷凝管,加热至沸。将上述重氮盐固液混合液通过滴液漏斗分批滴入到烧瓶中,控制滴入速度,使反应液发泡沸腾但不溢出。此时反应液呈深褐色。加完重氮盐后,继续煮沸搅拌 15min。

分离和纯化:待体系稍冷,将反应液倒入烧杯中,冰水浴冷却,搅拌,有细小晶体析出。抽滤,用少量冷水洗涤,得褐色粗产品。粗产品用 15%盐酸重结晶,活性炭脱色。纯的产品为浅黄色针状结晶,熔点为 96~97℃。

五、检验与测试
通过测定熔点、红外光谱和核磁共振氢谱检测产物,并与文献结果对照。

六、注释
① 亚硝酸钠的加入速度不宜过慢,以防止生成的重氮盐与未反应的间硝基苯胺发生偶

联反应。强酸性介质有利于抑制偶联反应。

② 亚硝酸可使淀粉-碘化钾试纸变蓝。亚硝酸的存在表明重氮化反应已完全。淀粉-碘化钾试纸未变蓝时可补加少量亚硝酸钠，但过量的亚硝酸钠可导致其他副反应发生，故使淀粉-碘化钾试纸微微变蓝即可。过量的亚硝酸钠可用尿素破坏。

七、思考题
① 重氮盐制备和水解过程中的硫酸可以用盐酸代替吗？为什么？
② 最终产品的产率一般低于50%，分析产品产率不高的原因。

实验13 对叔丁基苯酚的制备

一、实验目的
① 学习通过Friedel-Crafts烷基化反应向苯环引入烷基的方法。
② 掌握气体吸收和重结晶等操作技术。

二、实验原理
通过Friedel-Crafts烷基化反应向苯环引入烷基：

$$\text{C}_6\text{H}_5\text{OH} + (\text{CH}_3)_3\text{CCl} \xrightarrow{\text{AlCl}_3} \text{4-}(\text{CH}_3)_3\text{C-C}_6\text{H}_4\text{OH} + \text{HCl}$$

三、仪器和药品
仪器：50mL三口烧瓶，球形冷凝管，恒压滴液漏斗，干燥管，漏斗，布氏漏斗，抽滤装置，50mL圆底烧瓶，磁力搅拌器等。
药品：叔丁基氯，苯酚，无水三氯化铝，浓盐酸。
装置图：图1-8 (d)。

四、实验步骤
合成：在50mL三口烧瓶上分别装置球形冷凝管和滴液漏斗。在球形冷凝管上口装置氯化钙干燥管和气体吸收装置。在三口烧瓶中加入搅拌子、2.2mL（19mmol）叔丁基氯和1.6g（17mmol）苯酚。搅拌溶解后，分2~3次快速加入约0.2g（1.5mmol）无水三氯化铝，此时有气体放出。若反应过于剧烈，可用冰水浴冷却。反应15min后，搅拌下向三口烧瓶中加入9mL盐酸溶液（1mL浓盐酸＋8mL水），有白色固体析出。

分离和纯化：将反应混合物抽滤，并用少量水洗涤固体。粗产品用石油醚（60~90℃）进行重结晶。

纯的对叔丁基苯酚为白色或淡黄色片状固体，熔点为99~100℃。

五、检验与测试
通过测定熔点、红外光谱和核磁共振氢谱来检测产物，并与文献结果对照。

六、注释
① 所有的反应仪器及试剂必须充分干燥。
② 无水三氯化铝要研细，称取及投料要迅速，以防止其吸水。
③ 若反应剧烈，产生的大量氯化氢可能带出低沸点叔丁基氯而导致产率降低。

七、思考题
① 若反应温度过高，可能发生什么副反应？

② 除了熔点测定方法外，还可用什么方法证明产物是对位而不是间位或邻位异构体？

实验 14　正丁醚的制备

一、实验目的
① 学习分子间脱水制醚的反应原理和实验方法。
② 掌握分水器的原理及使用方法。

二、实验原理
醇分子间脱水可制备单醚。实验室常用的脱水剂是浓硫酸。此反应为可逆反应。为了提高产率，可在回流时使用分水器将体系中生成的水转移出来。

主反应：
$$2CH_3CH_2CH_2CH_2OH \xrightarrow{H_2SO_4} CH_3CH_2CH_2CH_2OCH_2CH_2CH_2CH_3 + H_2O$$

副反应：
$$CH_3CH_2CH_2CH_2OH \xrightarrow[\triangle]{H_2SO_4} CH_2CH_2CH=CH_2 + H_2O$$

三、仪器和药品
仪器：分水器，100mL 二口烧瓶，回流冷凝管，蒸馏烧瓶，分液漏斗，电热套。
药品：正丁醇，浓硫酸，50％硫酸溶液，无水氯化钙。
装置图：图 1-8（g）、图 1-7（a）。

四、实验步骤
合成：在 100mL 二口烧瓶中加入 31mL（0.34mol）正丁醇，慢慢滴入 5mL 浓硫酸，摇荡烧瓶，使溶液混合均匀。瓶中加入几粒沸石，安装好分水器和温度计，分水器上端装好回流冷凝管。分水器中应事先加入一定量的水，加入水的量等于分水器的总容量减去反应完全时生成的水量。加热回流约 60min。随着反应的进行，分水器中的水会不断增加，反应液的温度也将逐渐上升。若分水器中的水超过支管而流回烧瓶时，可打开旋塞放掉一部分水。当生成的水量到达 4.5～5mL，瓶中反应液温度到达 150℃左右时，停止加热。

分离和纯化：待反应物稍冷，拆除分水器，将装置改成蒸馏装置，加入 2 粒沸石，蒸馏至无馏出液为止。将馏出液倒入分液漏斗，分去水层。有机层用 15mL 冷的 50％硫酸洗涤两次，用无水氯化钙干燥。将干燥后的粗产物倒入 50mL 蒸馏烧瓶中（注意不要把氯化钙倒进去！）进行蒸馏，收集 140～144℃的馏分，称重，计算产率。

纯正丁醚为无色液体，沸点为 142.4℃，$d_4^{15}=0.773$，$n_D^{20}=1.3902$。

五、检验与测试
通过测定折射率、红外光谱和核磁共振氢谱来检测产物，并与文献结果对照。

六、注释
① 本实验利用共沸混合物蒸馏方法将反应生成的水不断从反应物中除去。正丁醇、正丁醚和水可能生成的几种共沸混合物见表 4-1。

共沸混合物冷凝后分层，上层主要是正丁醇和正丁醚，下层主要是水。在反应过程中利用分水器使上层液体不断流回到反应器中。

② 按反应式计算，生成水的量为 3g。实际上分出水层的体积要略大于计算量，否则产率很低。

③ 回流时如果加热时间过长，溶液会变黑并有大量副产物丁烯生成。

表 4-1 正丁醇、正丁醚和水生成的几种共沸混合物的组成

共沸混合物		共沸点/℃	组成的质量分数/%		
			正丁醚	正丁醇	水
二元	正丁醇-水	93.0		55.5	44.5
	正丁醚-水	94.1	66.6		33.4
	正丁醇-正丁醚	117.6	17.5	82.5	
三元	正丁醇-正丁醚-水	90.6	35.5	34.6	29.9

七、思考题
① 计算理论上应分出的水量。若实验中分出的水量超过理论数值，试分析其原因。
② 用 50% 硫酸洗涤粗产品的目的是什么？

实验 15 苯氧乙酸的制备

一、实验目的
① 了解通过 Williamson 反应制备醚的原理和方法。
② 进一步掌握搅拌和抽滤等实验基本操作。

二、实验原理
苯氧乙酸可由苯酚钠和氯乙酸通过 Williamson 反应制备。反应式如下：

$$\text{C}_6\text{H}_5\text{OH} + \text{ClCH}_2\text{COOH} \xrightarrow{\text{NaOH}} \text{C}_6\text{H}_5\text{OCH}_2\text{COONa} + \text{NaCl} + \text{H}_2\text{O}$$

$$\xrightarrow{\text{HCl}} \text{C}_6\text{H}_5\text{OCH}_2\text{COOH}$$

三、仪器和药品
仪器：100mL 三口烧瓶，滴液漏斗，球形冷凝管，烧杯，磁力搅拌电热套，抽滤装置等。
药品：苯酚，氯乙酸，35% 氢氧化钠溶液，饱和碳酸钠溶液，浓盐酸，pH 试纸。
装置图：图 1-8（c）、图 2-7。

四、实验步骤
合成：在 100mL 三口烧瓶中加入 3.8g（0.04mol）氯乙酸、5mL 水和一粒磁子，安装好球形冷凝管、温度计和滴液漏斗。启动搅拌装置，缓慢滴加饱和碳酸钠溶液（约 7mL）至溶液 pH 值为 7~8。再往瓶中加入 2.5g（0.027mol）苯酚，通过滴液漏斗缓慢滴加 35% 的氢氧化钠溶液至 pH 值为 12。加热使温度保持在 90~95℃，反应 30min。反应过程中溶液 pH 值会下降，可补加氢氧化钠溶液，保持 pH 值为 12，继续加热 15min。

分离和纯化：将反应液趁热转入烧杯，搅拌下滴加浓盐酸至 pH 值为 3~4。冰水浴冷却，析出固体，抽滤，冷水洗涤固体，干燥、称重，计算产率。

纯的苯氧乙酸为白色针状晶体，熔点为 98℃。

五、检验与测试
通过测定熔点、红外光谱和核磁共振氢谱来检测产物，并与文献结果对照。

六、注释
① 控制好加热速度，不宜过快。
② 盐酸加入过多会增加产品的溶解损失。

七、思考题
① 为什么要加入过量的氯乙酸？
② 说明本实验中调控反应 pH 值的目的和意义。

4.3 醛和酮

实验 16　环己酮的制备

一、实验目的
① 学习用二级醇氧化制备酮类化合物的原理和方法。
② 掌握分液、干燥和蒸馏等基本操作。

二、实验原理

$$\text{环己醇} \xrightarrow[\triangle]{Na_2Cr_2O_7/H^+} \text{环己酮}$$

三、仪器和药品
仪器：100mL 三口烧瓶，磁力搅拌电热套，恒压滴液漏斗，温度计，球形冷凝管，直形冷凝管，空气冷凝管，50mL 圆底烧瓶，蒸馏头，尾接管，50mL 锥形瓶等。
药品：浓硫酸，环己醇，重铬酸钠，无水碳酸钾，草酸，氯化钠。
装置图：图 1-8（c）、图 1-7（a）。

四、实验步骤
合成：在 100mL 三口烧瓶中加入一粒磁子和 30mL 冰水，搅拌下慢慢滴加 5mL 浓硫酸，再小心加入 5g（约 5.25mL，50mmol）环己醇，安装好球形冷凝管、恒压滴液漏斗和温度计，滴液漏斗中加入刚刚配好的重铬酸钠溶液（5.3g $NaCr_2O_7 \cdot 2H_2O$ 溶于 3mL 水）。待反应瓶内的溶液温度降至 30℃ 以下时，搅拌下将重铬酸钠溶液慢慢滴入。反应开始后，反应液温度升高，颜色由橙红色变成绿色。当温度达到 55℃ 时，控制滴加速度，维持温度在 55~60℃ 之间。重铬酸钠溶液滴加完后继续搅拌，直至温度自行下降。然后加入少量草酸（约 0.25g），使溶液变成墨绿色，以破坏过量的重铬酸钠盐。

分离和纯化：反应瓶内加入 25mL 水和 2 粒沸石，将装置改为蒸馏装置。加热蒸馏，将环己酮和水一并蒸出，直至馏出液变清后，再多蒸出 5~7mL。向馏出液中加入氯化钠使溶液饱和，用分液漏斗分出有机层，无水碳酸钾干燥。干燥后的粗产品移入 50mL 圆底烧瓶中，用空气冷凝管冷凝，加热蒸馏，收集 150~156℃ 的馏分，称重，计算产率。

纯的环己酮为无色液体，沸点为 155.5℃，$d_4^{20}=0.950$，$n_D^{20}=1.4507$。

五、检验与测试
通过测定折射率、红外光谱和核磁共振氢谱来检测产物，并与文献结果对照。

六、注释
① 分离与纯化时加水蒸馏实际上是简化了的水蒸气蒸馏。

② 水的馏出量不宜过多,否则即使使用盐析仍不可避免少量环己酮溶于水中。

七、思考题
① 氧化反应结束后为什么要加入草酸?
② 盐析的作用是什么?

实验 17 对甲基苯乙酮的制备

一、实验目的
① 了解 Friedel-Crafts 酰基化反应的原理及应用。
② 掌握无水条件操作和气体吸收装置的使用。

二、实验原理

$$\text{C}_6\text{H}_5\text{CH}_3 + (\text{CH}_3\text{CO})_2\text{O} \xrightarrow{\text{无水 AlCl}_3} \text{4-CH}_3\text{C}_6\text{H}_4\text{COCH}_3$$

三、仪器和药品
仪器:250mL 三口烧瓶,电动搅拌器,恒压滴液漏斗,球形冷凝管,直形冷凝管,分液漏斗,干燥管,水浴锅,50mL 圆底烧瓶,蒸馏头,尾接管,锥形瓶,温度计等。

药品:无水 $AlCl_3$,无水甲苯,乙酸酐,浓盐酸,10% 氢氧化钠,无水硫酸镁,无水氯化钙。

装置图:图 1-8 (i)、图 1-7 (a)。

四、实验步骤
合成:在 250mL 三口烧瓶上安装好电动搅拌器、球形冷凝管和恒压滴液漏斗,冷凝管上口安装氯化钙干燥管和气体吸收装置。迅速称取研碎的无水 $AlCl_3$ 22g (0.165mol) 并放入三口烧瓶中,再加入 30mL 无水甲苯。启动搅拌器,由滴液漏斗滴加 6.8mL (0.072mol) 重新蒸馏过的乙酸酐和 6mL 无水甲苯的混合溶液(约 20min 滴完)。反应立即开始,伴随有反应混合液发热及氯化氢气体急剧产生。控制滴加速度,勿使反应过于激烈。滴加完后,在水浴上加热 30min,至无氯化氢气体逸出为止(此时三氯化铝溶完)。

分离和纯化:将烧瓶浸入冰水浴中,在搅拌下缓慢滴加 95mL 冷却的稀盐酸(45mL 浓盐酸 + 50mL 水)。当瓶内固体物质完全溶解后,用分液漏斗分出有机层。有机层依次用水、10% 的氢氧化钠溶液、水各 25mL 洗涤,无水硫酸镁干燥。将干燥后的粗产品转入 50mL 圆底烧瓶中,加热蒸馏,回收甲苯。当温度达到 150℃时,将直形冷凝管中的冷却水放空,收集 220~225℃的馏分,称重,计算产率。

纯的对甲基苯乙酮为无色液体,沸点为 225℃,$d_4^{20}=1.005$,$n_D^{20}=1.5335$。

五、检验与测试
通过测定折射率、红外光谱和核磁共振氢谱来检测产物,并与文献结果对照。

六、注释
① 仪器必须严格干燥,否则影响反应顺利进行。
② 无水三氯化铝的质量优劣是实验成败的关键之一,它极易吸潮,需迅速称取,研磨。应称取白色颗粒或粉末状的三氯化铝,如已变成黄色,表示已经吸潮,不能取用。
③ 温度高对反应不利,合成时一般控制在 60℃以下为宜。

七、思考题

① 水和潮气对本实验有何影响？在仪器的安装和实验的操作过程中应注意哪些事项？为什么要迅速称取、研磨三氯化铝？

② 反应完成后为什么要加入冷却的稀盐酸？

实验 18 4-苯基-2-丁酮的制备

一、实验目的

① 了解乙酰乙酸乙酯在有机合成中的应用。

② 掌握乙酰乙酸乙酯烃基化、碱性水解和酸化脱羧的原理和实验操作。

二、实验原理

4-苯基-2-丁酮存在于烈香杜鹃的挥发油中，具有止咳祛痰的作用。本实验采用乙酰乙酸乙酯法制备。反应式为：

$$CH_3COCH_2COOC_2H_5 + C_6H_5CH_2Cl \xrightarrow[C_2H_5OH]{C_2H_5ONa} CH_3COCHCOOC_2H_5 \xrightarrow[\text{② } H_3O^+]{\text{① NaOH}} CH_3COCH_2CH_2C_6H_5$$
$$\qquad\qquad\qquad\qquad\qquad\qquad\qquad\qquad\qquad\qquad |$$
$$\qquad\qquad\qquad\qquad\qquad\qquad\qquad\qquad\qquad CH_2C_6H_5$$

三、仪器和药品

仪器：100mL 三口烧瓶，氯化钙干燥管，回流冷凝管，恒压滴液漏斗，分液漏斗，直形冷凝管，尾接管，锥形瓶，烧杯，磁力搅拌电热套，减压蒸馏装置等。

药品：无水乙醇，金属钠，乙酰乙酸乙酯，氯化苄，乙醚，12％氢氧化钠溶液，浓盐酸，无水硫酸钠，食盐。

装置图：图 1-8（d）、图 1-7（a）、图 1-7（c）。

四、实验步骤

合成：在 100mL 干燥的三口烧瓶中加入 20mL 无水乙醇和一粒磁子，安装好温度计及带有氯化钙干燥管的回流冷凝管。启动搅拌装置，分次加入 1g 切细的金属钠，加入速度以维持溶液微沸为宜。待钠反应完全后，在搅拌下通过恒压滴液漏斗加入 5.5mL 乙酰乙酸乙酯，搅拌 10min。再在搅拌下通过恒压滴液漏斗缓慢滴加 5.3mL 重新蒸馏过的氯化苄，此时有大量白色沉淀产生。用 0.5mL 乙醇冲洗滴液漏斗并将冲洗液滴入反应瓶。然后加热，使反应物微沸回流约 60min。待反应液稍冷，缓慢加入 20mL 12％氢氧化钠溶液（约 5min 加完），再加热回流约 60min；将反应液稍冷，慢慢滴加 3mL 浓盐酸，调节溶液 pH 值至 1～2，加热回流 30min，至无二氧化碳气体逸出为止。此时溶液分为二层，上层为有机相。

分离和纯化：将装置改为蒸馏装置，蒸馏回收乙醇。冷却后向反应液中加入 20mL 冰水使析出的盐溶解，用分液漏斗分出有机层。水层用 15mL 乙醚萃取两次。合并乙醚萃取液和有机层，用无水硫酸钠干燥。水浴蒸馏回收乙醚，残余物进行减压蒸馏，收集 132～140℃（5.33kPa）的馏分，称重，计算产率。

纯的 4-苯基-2-丁酮为无色透明液体，沸点为 235℃，$d_4^{20}=0.985$，$n_D^{20}=1.5110$。

五、检验与测试

通过测定折射率、红外光谱和核磁共振氢谱来检测产物，并与文献结果对照。

六、注释

① 久置的乙酰乙酸乙酯会出现部分分解，使用前需要减压蒸馏进行纯化。

② 滴加氯化苄时要慢，防止酸分解时放出二氧化碳而冲料。

七、思考题

① 为什么乙酰乙酸乙酯的 α-H 具有酸性？

② 乙酰乙酸乙酯在稀碱或浓碱存在的条件下分解产物分别是什么？

实验 19　查尔酮的制备

一、实验目的

掌握通过 Claisen-Schmidt 反应制备 α,β-不饱和酮的原理和方法。

二、实验原理

查尔酮又名苯乙烯基苯基酮，一般用作有机合成试剂和指示剂。查尔酮可由苯甲醛和苯乙酮通过 Claisen-Schmidt 缩合反应制备，反应式为：

$$\text{PhCHO} + \text{PhCOCH}_3 \xrightarrow{10\%\ \text{NaOH}} \text{PhCH=CHCOPh}$$

三、实验用品

仪器：50mL 三口烧瓶，球形冷凝管，恒压滴液漏斗，温度计，烧杯，电动搅拌器，抽滤装置等。

药品：苯甲醛（新蒸），苯乙酮，10%氢氧化钠溶液，乙醇。

装置图：图 1-8 (j)。

四、实验步骤

合成：在 50mL 三口瓶上分别安装电动搅拌器和温度计，开始搅拌，从侧口加入 12.5mL 10% NaOH 溶液、8mL C_2H_5OH 和 3mL（0.025mol）苯乙酮。在此侧口安装恒压滴液漏斗，搅拌下滴加 2.5mL（0.025mol）新蒸的苯甲醛。控制滴加速度使反应温度保持在 25～30℃，必要时可用冷水浴冷却。滴完后继续搅拌 60～90min，有固体析出。

分离和纯化：将烧瓶在冰水浴中冷却 15min 后，抽滤。用水洗涤固体直至洗涤液 pH 值约为 7 后，再用 2mL 冷乙醇洗涤，抽干，得查尔酮粗产品。粗产品用 95%乙醇进行重结晶、抽滤、干燥、称重，计算产率。

纯的（E）-查尔酮为浅黄色片状结晶，熔点为 58～59℃。

五、检验与测试

通过测定熔点、红外光谱和核磁共振氢谱来检测产物，并与文献结果对照。

六、注释

① 反应温度可通过水浴冷却或加热来控制。温度若高于 30℃，副产物会增加；若温度低于 20℃，则产物会变黏稠，不易搅拌。

② 可加入晶种诱发结晶析出。一般搅拌 1h 左右可析出晶体。

③（E）-查尔酮存在不同晶形，通常得到片状的 α-体熔点为 58～59℃，棱状的 β-体熔点为 56～57℃。针状的 γ-体熔点为 48℃。

七、思考题

① 碱的浓度过大，温度过高，可能会发生哪些副反应？实验中采用哪些方法避免副产物生成？

② 如何用 IR 或 ^{1}H NMR 鉴定产物是反式而不是顺式异构体？

4.4 羧酸及其衍生物

实验20　苯甲酸的制备

一、实验目的
① 学习电动搅拌装置的安装和使用。
② 掌握重结晶和抽滤等基本操作。

二、实验原理
苯甲酸的制备可由甲苯氧化制得。其反应式为：

$$\text{C}_6\text{H}_5\text{CH}_3 \xrightarrow{\text{KMnO}_4} \text{C}_6\text{H}_5\text{COO}^-\text{K}^+ \xrightarrow{\text{HCl}} \text{C}_6\text{H}_5\text{COOH}$$

三、仪器和药品
仪器：100mL 三口烧瓶，50mL 圆底烧瓶，烧杯，回流冷凝管，减压过滤装置，电动搅拌装置等。
药品：甲苯，高锰酸钾，浓盐酸，饱和亚硫酸氢钠溶液，活性炭，刚果红试纸。
装置图：图 1-8 (i)。

四、实验内容
合成：在 100mL 三口烧瓶中加入 3mL 甲苯、40mL 水和 9g 高锰酸钾，安装好机械搅拌装置和回流冷凝管。开始搅拌，加热回流。当甲苯层几近于消失、回流液不再出现油珠时，停止加热（约 90min 左右）。此时若反应液仍呈紫红色，可向溶液中滴加少量饱和亚硫酸氢钠溶液（5mL 左右），使紫红色消失。

分离和纯化：将反应混合物趁热抽滤，用少量热水洗涤滤渣（二氧化锰）。合并滤液和洗涤液，置于冰浴中冷却，继而用浓盐酸酸化（使刚果红试纸呈蓝色），至苯甲酸全部析出为止。将析出的苯甲酸抽滤，用少量冷水洗涤，得粗产品。粗产品用水作溶剂进行重结晶，抽滤、干燥、称重，计算产率。

纯的苯甲酸为无色针状晶体，熔点为 122.4℃。

五、检验与测试
通过测定熔点、红外光谱和核磁共振氢谱来检测产物，并与文献结果对照。

六、注释
① 溶液中加入饱和亚硫酸氢钠后停止搅拌，将反应液静置片刻后，观察上层溶液是否紫色消失。
② 苯甲酸在 100g 水中的溶解度为：4℃，0.18g；18℃，0.27g；75℃，2.2g。

七、思考题
① 反应结束为什么要趁热过滤？
② 反应完毕后，如果滤液呈紫色，为什么要加饱和亚硫酸氢钠溶液？

实验21　己二酸的制备

一、实验目的
① 学习环己酮氧化制备己二酸的原理和方法。

② 掌握重结晶和抽滤等基本操作。
二、实验原理
在钒酸铵的催化作用下，环己酮易被硝酸氧化，生成己二酸。其反应式为：

$$3 \text{(环己酮)} + 8HNO_3 \xrightarrow{\text{钒酸铵}} 3HOOCCH_2CH_2CH_2CH_2COOH + 8NO + 7H_2O$$

三、仪器和药品
仪器：100mL 三口烧瓶，烧杯，回流冷凝管，滴液漏斗，温度计，气体吸收装置，抽滤装置，磁力搅拌电热套等。
药品：50%硝酸溶液，环己醇，钒酸铵。
装置图：图 1-8 (c)、图 2-7。

四、实验内容
合成：在 100mL 三口烧瓶中加入 6.4mL（0.136mol）50%硝酸溶液、一小粒钒酸铵和一粒磁子，安装好回流冷凝管、滴液漏斗和温度计。回流冷凝管上端安装气体吸收装置，用碱液吸收产生的氧化氮气体。启动搅拌装置，加热至约 60℃后，通过滴液漏斗慢慢将 2.1mL（0.05mol）环己醇滴入烧瓶中。反应放热，瓶内温度上升并有红棕色气体产生。控制滴入速度使反应温度维持在 50~60℃。滴加过程约需 30min。滴加完后，升温至 90~95℃，继续反应 15min 至基本不再有红棕色气体产生为止，停止加热。
分离和纯化：体系稍冷后，将反应混合物倒入烧杯中，冰水浴冷却，析出结晶。待结晶完全后抽滤，冷水洗涤晶体。用水进行重结晶，抽滤、干燥、称重，计算产率。
纯的己二酸为白色棱状晶体，熔点为 153℃。

五、检验与测试
通过测定熔点、红外光谱和核磁共振氢谱来检测产物，并与文献结果对照。

六、注释
① 量取环己醇时，不可使用量取过硝酸的量筒，因为两者剧烈反应，易发生意外。
② 环己醇熔点为 25℃，在较低温度下为针状晶体，熔化时为黏稠液体，不易倒净，故量取后可用少量水荡洗量筒，一并加入滴液漏斗中。这样既可减少量筒器壁黏附损失，也可以因为少量水而降低环己醇熔点，避免在滴加过程中结晶堵塞滴液漏斗。
③ 本反应强烈放热，环己醇切不可一次加入过多，否则反应太剧烈，可能引起爆炸。
④ 二氧化氮为有毒物质，应避免散逸室内。装置应严密，最好在通风橱中进行。
⑤ 己二酸在 100g 水中的溶解度为：15℃，1.44g；34℃，3.08g；50℃，8.46g；70℃，34.1g；100℃，100g。

实验 22　肉桂酸的制备

一、实验目的
① 了解 Perkin 反应的原理和实验操作。
② 掌握水蒸气蒸馏原理和基本操作。
③ 巩固重结晶、过滤等实验基本操作。

二、实验原理
在碱性催化剂作用下，芳香醛和酸酐会发生缩合反应，生成 α,β-不饱和芳香酸，此反应称作 Perkin 反应。本实验用苯甲醛、乙酐和无水乙酸钾反应制备肉桂酸。反应式为：

$$\text{C}_6\text{H}_5\text{—CHO} + (\text{CH}_3\text{CO})_2\text{O} \xrightarrow[\text{② HCl}]{\text{① CH}_3\text{COOK, }\Delta} \text{C}_6\text{H}_5\text{—CH=CHCOOH}$$

三、仪器和药品

仪器：100mL 圆底烧瓶，球形冷凝管，磁力搅拌电热套，蒸馏头，直形冷凝管，尾接管，锥形瓶，抽滤装置等。

药品：苯甲醛（新蒸），乙酸酐，无水碳酸钾，10％氢氧化钠溶液，浓盐酸，活性炭，pH 试纸等。

装置图：图 1-8（a）、图 1-7（a）。

四、实验步骤

合成：在 100mL 圆底烧瓶中加入 2.5mL 新蒸馏过的苯甲醛、7mL 乙酸酐、3.5g 无水碳酸钾和一粒磁子，装配好回流冷凝管，加热回流 45min 后，停止加热。

分离和纯化：待反应混合物冷却，加入 20mL 水，用玻璃棒轻轻压碎瓶中固体，将装置改为蒸馏装置，加热蒸馏，蒸除未反应的苯甲醛（可能有些焦油状聚合物）。将烧瓶冷却，加入 20mL 10％ NaOH 溶液，溶解肉桂酸盐。再加入 45mL 水，加热至沸腾，尽可能使瓶中固体溶解。将溶液稍稍冷却，加活性炭，煮沸约 5min，趁热过滤。滤液冷至室温后，滴加浓盐酸至溶液呈酸性（pH 值约为 5），有固体析出。抽滤，粗产品用热水重结晶，抽滤、干燥、称重、计算产率。

纯的肉桂酸为白色单斜棱晶体，熔点为 133℃。

五、检验与测试

通过测定熔点、红外光谱和核磁共振氢谱来检测产物，并与文献结果对照。

六、注释

① 苯甲醛易被氧化，使用前应先蒸馏纯化。
② 蒸馏装置为简易的水蒸气蒸馏。

七、思考题

① 在制备中，回流完毕后，加入氢氧化钠，使溶液呈碱性，此时溶液中有几种化合物，各以什么形式存在？写出它们的分子式。
② 苯甲醛和丙酸酐在无水碳酸钾的存在下，相互作用后得到什么产品？

实验 23　乙酸乙酯的制备

一、实验目的

① 通过乙酸乙酯的制备实验加深对酯化反应的理解。
② 掌握回流、蒸馏及液体洗涤、分离和干燥的操作方法。

二、实验原理

本实验采用乙酸与乙醇在浓硫酸催化下合成乙酸乙酯。酯化反应是可逆反应，为了提高产率，采用乙醇过量以及不断蒸出反应中产生的 $CH_3COOC_2H_5$ 和水的方法，使平衡向右移动。

主反应：

$$CH_3COOH + C_2H_5OH \xrightarrow[120\sim125℃]{H_2SO_4} CH_3COOC_2H_5 + H_2O$$

副反应:

$$2C_2H_5OH \xrightarrow{H_2SO_4} C_2H_5OC_2H_5 + H_2O$$

三、仪器和药品

仪器: 100mL 三口烧瓶,恒压滴液漏斗,直形冷凝管,蒸馏头,尾接管,锥形瓶,温度计,分液漏斗,50mL 圆底烧瓶,磁力搅拌电热套等。

药品: 乙酸,无水乙醇,浓硫酸,饱和碳酸钠溶液,无水硫酸钠,饱和食盐水,饱和氯化钙溶液,石蕊试纸。

装置图:图 1-7 (b)、图 1-7 (a)。

四、实验步骤

合成:在 100mL 三口烧瓶上装配蒸馏头(或玻璃弯管)、滴液漏斗和温度计。滴液漏斗的下端伸到离烧瓶底约 3mm 处。蒸馏头上连接直形冷凝管、尾接管及锥形瓶。锥形瓶用冰水浴冷却。在三口烧瓶中加入 3mL 乙酸、3mL 浓硫酸和一粒磁子。启动搅拌装置并加热。当温度达到 120℃左右时,通过恒压滴液漏斗加入由 23mL 无水乙醇和 11mL 乙酸配制的混合液。加热保持反应混合物的温度为 120~125℃。调节加料速度,使滴入混合液的速度与酯蒸出的速度大致相等。加料时间约需 90min。滴加完毕后继续加热约 10min,直到不再有液体馏出为止。

分离和纯化:在馏出液中小心加入饱和碳酸钠溶液,直到无二氧化碳气体逸出为止。把混合液倒入分液漏斗中,分液。用石蕊试纸检验酯层。如果酯层仍显酸性,再用饱和碳酸钠溶液洗涤,直到酯层不显酸性为止。用等体积饱和食盐水洗涤酯层,分液。再用 20mL 饱和 $CaCl_2$ 溶液洗涤 2 次。将酯层倒入干燥的小锥形瓶内,无水硫酸钠干燥约 30min。干燥的粗乙酸乙酯滤入 50mL 圆底烧瓶中,加热蒸馏,收集 74~80℃的馏分,称重,计算产率。

纯的乙酸乙酯是具有果香味的无色液体,沸点为 77.2℃,$d_4^{20}=0.901$,$n_D^{20}=1.3723$。

五、检验与测试

通过测定折射率、红外光谱和核磁共振氢谱来检测产物,并与文献结果对照。

六、注释

① 仪器要严格干燥。
② $CaCl_2$ 溶液可以通过配位反应除去少量的乙醇。
③ 也可用无水硫酸镁作干燥剂。
④ 乙酸乙酯与水形成沸点为 70.4℃的二元共沸混合物(含水 8.1%);乙酸乙酯、乙醇与水形成沸点为 70.2℃的三元共沸混合物(含乙醇 8.4%,水 9%)。如果在蒸馏前不除尽乙醇和水,蒸馏时将会有较多的前馏分。

七、思考题

① 蒸出的粗乙酸乙酯中主要有哪些杂质?
② 能否用浓氢氧化钠溶液代替饱和碳酸钠来洗涤蒸馏液?
③ 为什么要用饱和食盐水洗涤?是否可用水代替?
④ 本实验若采用乙酸过量的做法是否合适?为什么?

实验 24 苯甲酸乙酯的制备

一、实验目的

① 通过苯甲酸乙酯的制备实验加深对酯化反应的理解。

② 掌握分水器和分液漏斗的使用方法。
③ 进一步巩固回流、干燥和蒸馏等实验操作技术。

二、实验原理

酸催化酯化反应是可逆反应。为提高酯的转化率，使用过量乙醇或将反应生成的水从反应混合物中除去，都可使平衡向生成酯的方向移动。反应式为：

$$\text{C}_6\text{H}_5\text{COOH} + \text{C}_2\text{H}_5\text{OH} \xrightarrow{\text{H}_2\text{SO}_4} \text{C}_6\text{H}_5\text{COOC}_2\text{H}_5 + \text{H}_2\text{O}$$

三、实验用品

仪器：50mL 圆底烧瓶，球形冷凝管，直形冷凝管，分水器，分液漏斗，烧杯，锥形瓶，蒸馏头，尾接管，减压蒸馏装置，磁力搅拌电热套等。

药品：苯甲酸，乙醇，环己烷，浓硫酸，碳酸钠粉末，乙醚，饱和氯化钠，无水氯化钙。

装置图：图 1-8 (a)、图 1-8 (g)、图 2-7、图 1-7 (c)。

四、实验步骤

合成：在 50mL 圆底烧瓶中，加入 3.0g（0.05mol）苯甲酸和 7.5mL 乙醇，沿瓶壁小心加入 1mL 浓硫酸，加入一粒磁子，装上回流冷凝管，启动搅拌装置，加热回流 30min。

分离和纯化：待反应物稍冷，加入 17.5mL 环己烷，在回流冷凝管和圆底烧瓶之间装一分水器。小火加热回流，三元共沸物环己烷-乙醇-水被蒸出。蒸汽冷凝后，滴入分水器，分为两层。回流时，防止下层液体回到反应瓶。当下层液体接近分水器支管时，放出部分下层液体。继续回流，直至上层澄清看不到水珠，大约需 120min。除去分水器中馏出液，升高加热温度，直至大部分乙醇、环己烷都被蒸出。残余物冷却，倒入盛有 25mL 水的烧杯中，反应瓶用少量乙醇荡洗，荡洗液倒入烧杯中。搅拌下，分批加入少量碳酸钠粉末，直至没有二氧化碳逸出，溶液呈碱性（用 pH 试纸检验）。混合物转入分液漏斗，分出有机层。水层用 8mL 乙醚提取两次，合并有机层和提取液。用 10mL 饱和氯化钠溶液洗涤，分液。有机层放入一干燥锥形瓶中，用无水氯化钙干燥 30min。将液体滤入 50mL 圆底烧瓶中，先在水浴上蒸去乙醚，再减压蒸馏，收集 101～103℃（2.666kPa）馏分，称重，计算产率。

纯的苯甲酸乙酯为有芳香气味的无色透明液体，沸点为 212.6℃，$d_4^{20}=1.05$，$n_D^{20}=1.5001$。

五、检验与测试

通过测定折射率、红外光谱和核磁共振氢谱来检测产物，并与文献结果对照。

六、注释

① 加入环己烷时瓶内温度必须降到 80℃以下，防止混合物起泡冲料。
② 水浴蒸去乙醚后，可用空气冷凝管进行普通蒸馏，收集 210～213℃的馏分。

七、思考题

① 在合成酯的实验中，为了提高酯的产率有哪些方法？
② 在除去杂质的过程中，所加的试剂各有何作用？

实验 25　乙酰水杨酸的制备

一、实验目的
① 学习乙酰水杨酸的制备原理和方法。
② 掌握重结晶和抽滤等实验基本操作。
③ 了解微波反应在有机合成中的应用。

二、实验原理
乙酰水杨酸也称为阿司匹林,有止痛、退热和抗炎作用。水杨酸是一个具有酚羟基和羧基双官能团化合物。水杨酸与乙酸酐作用时生成乙酰水杨酸。反应为:

$$\text{水杨酸} + (CH_3CO)_2O \xrightarrow{H_3PO_4} \text{乙酰水杨酸} + CH_3COOH$$

若使用微波炉加热,该反应将更容易进行。

三、仪器和药品
仪器:50mL 三口烧瓶,球形冷凝管,温度计,磁力搅拌电热套,50mL 圆底烧瓶,烧杯,试管,微波炉,抽滤装置等。
药品:水杨酸,乙酸酐,浓硫酸,乙醇,85%磷酸溶液,1%三氯化铁溶液。
装置图:图 1-8(b)、图 2-7、图 1-8(a)(方法 1);图 2-7(方法 2)。

四、实验步骤
1. 酸催化法
合成:在 50mL 二口烧瓶中加入 7g(0.05mol)水杨酸、8mL(0.08mol)乙酸酐和一粒磁子,再滴入浓硫酸 10 滴,安装好球形冷凝管和温度计。启动搅拌装置,小心加热,控制反应液温度在 70℃左右,反应 30min,停止加热。

分离和纯化:体系稍冷后,在搅拌下将反应液倒入 100mL 冷水中,冰水浴中冷却 15min 后,抽滤,冷水洗涤粗产品。将粗产品转入 50mL 圆底烧瓶中,安装好回流装置,向烧瓶内加入 15mL 乙醇溶液,加热溶解,趁热过滤。滤液冷却至室温后,置于冰水浴中冷却,析出晶体,抽滤,干燥得纯产品,称重,计算产率。

纯的乙酰水杨酸为无色晶体,熔点为 136℃。

2. 微波法
合成:在 100mL 烧杯中依次加入 7g 水杨酸、8mL 乙酸酐、5 滴 85%的磷酸溶液,混合均匀。用表面皿盖好烧杯。将烧杯移入微波炉的托盘上,加热功率设置为 30%,加热 2min。取少许反应物,用三氯化铁溶液检查水杨酸,如果反应液中仍有水杨酸,继续微波辐射 2min,再取样检查一次。如此反复微波辐射和检查,直到水杨酸消失,即为反应终点。

分离和纯化:取出烧杯,冷却至室温,析出无色晶体,抽滤。用 15mL 乙醇溶液重结晶,抽滤、称重,计算产率。

五、检验与测试
① 分别取少量水杨酸、乙酰水杨酸粗产品和精制品,加入 10 滴乙醇、2 滴 1% $FeCl_3$ 水溶液,观察并比较颜色。
② 通过熔点、红外光谱和核磁共振氢谱来检测产物,并与文献结果对照。

六、注释
① 乙酸酐使用前应先蒸馏纯化。
② 在小试管中加入少量 $FeCl_3$ 溶液,然后用玻璃棒蘸一点反应混合物插入小试管中,若出现紫色,表明还有水杨酸存在。

七、思考题
① 为什么反应温度要控制在70℃左右?反应温度过高有哪些副产物生成?
② 为什么水杨酸的羟基与乙酸酐反应,而不是羧基与乙酸酐反应?

实验26 乙酰苯胺的制备

一、实验目的
① 掌握苯胺乙酰化反应的原理和实验操作。
② 巩固重结晶和抽滤等实验操作技术。
③ 掌握分馏装置的原理和操作技术。

二、实验原理
乙酸与苯胺反应时,反应速率较慢,且反应是可逆的。为了提高乙酰苯胺的产率,可采用分馏柱将反应中生成的水从产物里移出。反应为:

$$C_6H_5NH_2 + CH_3COOH \xrightarrow[\triangle]{Zn} C_6H_5NHCOCH_3$$

三、仪器和药品
仪器:刺形分馏柱,50mL 圆底烧瓶,蒸馏头,尾接管,锥形瓶,温度计,烧杯,磁力搅拌电热套,抽滤装置,表面皿等。
药品:苯胺(新蒸),乙酸,锌粉,乙酸酐,活性炭。
装置图:图1-7 (e)、图2-7 (方法1);图2-7 (方法2)。

四、实验步骤
1. 乙酸法
合成:在50mL 圆底烧瓶中,加入 5mL(0.055mol)新蒸馏的苯胺、8mL(0.132mol)乙酸及少许锌粉。在烧瓶上依次安装好刺形分馏柱、蒸馏头、温度计、尾接管和锥形瓶。在电热套上加热至沸腾。保持温度计读数在105℃左右,加热40~60min,当温度计的读数发生上下波动,或者反应容器中出现白雾时,反应即达终点,停止加热。

分离和纯化:搅拌下将反应混合物趁热缓慢地倒入盛有100mL水的烧杯中,不断搅拌并冷却溶液,使乙酰苯胺固体析出。抽滤,用5~10mL冷水洗涤固体,以除去残留的酸液。将粗产品放入150mL热水中,加热至沸腾(如果仍有未溶解的油珠,需补加热水,直到油珠完全溶解为止),稍冷后加入约0.5g活性炭,煮沸1~2min,趁热过滤。冷却滤液,待固体析出后,抽滤,产物放在表面皿上晾干,称重,计算产率。

纯的乙酰苯胺是无色片状晶体,熔点为114℃。

2. 乙酸酐法
合成:在烧杯中加2mL苯胺和30mL水,边搅拌边滴加3mL乙酸酐,5min加完,反应结束得粗产品。

分离和纯化：粗产品按方法 1 的分离和纯化方法做同样处理，称重，计算产率。

五、检验与测试
通过测定熔点、红外光谱和核磁共振氢谱来检测产物，并与文献结果对照。

六、注释
① 久置的苯胺颜色深，使用前需蒸馏纯化。
② 锌粉的作用是防止苯胺在反应过程中氧化，但不能加得过多，否则在后处理中会出现不溶于水的氢氧化锌。
③ 未溶解的油珠是熔融状态的含水的乙酰苯胺（83℃时含水 13％）。如果溶液温度在 83℃以下，溶液中未溶解的乙酰苯胺以固态存在。

七、思考题
① 本实验采取了什么措施来提高乙酰苯胺的产率？
② 为什么反应时要控制分馏柱柱顶温度在 100～110℃之间，若高于此温度有什么不好？
③ 根据理论计算，反应产生几毫升水？为什么收集的液体要比理论量多？
④ 反应瓶中的白雾是什么？

实验 27　己内酰胺的制备

一、实验目的
① 了解酮肟通过 Beckmann 重排反应制备酰胺的原理和方法。
② 掌握减压蒸馏等实验操作技术。

二、实验原理
环己酮肟在强酸催化作用下，发生 Beckmann 重排反应生成己内酰胺。反应式为：

环己酮 + NH_2OH → 环己酮肟 + H_2O

$\xrightarrow{85\% H_2SO_4}$ 己内酰胺

三、仪器和药品
仪器：100mL 锥形瓶，500mL 烧杯，25mL 圆底烧瓶，100mL 三口烧瓶，温度计，电动搅拌器，滴液漏斗，分液漏斗，电热套，抽滤装置，减压蒸馏装置等。
药品：环己酮，结晶乙酸钠，羟胺盐酸盐，85％硫酸，20％氨水，石蕊试纸。
装置图：图 2-7、图 1-8（j）、图 1-7（c）。

四、实验步骤
合成：在 100mL 锥形瓶中，加入 4.9g（0.071mol）羟胺盐酸盐、7g 结晶乙酸钠和 15mL 水，加热升温至 30～40℃。分三次加入 5.2mL（0.05mol）环己酮。边加边摇动，有固体析出。加完后，用橡胶塞塞紧瓶口，剧烈振摇 2～3min，有白色粉状结晶析出。冷却、抽滤，用水洗涤，干燥。环己酮肟熔点为 89～90℃。在 500mL 烧杯中，加入 5g（0.044mol）环己酮肟和 10mL 85％硫酸，溶解混匀。在烧杯内放一支温度计，小火加热。当开始有气泡时（约 120℃），立即移去热源。此时发生剧烈放热反应，温度自行上升，很快达到 160℃，反应在几秒内即可完成。

分离和纯化：稍冷后，将溶液转入100mL三口烧瓶中，用冰盐浴冷却烧瓶。在三口烧瓶上安装电动搅拌器、温度计和滴液漏斗。当溶液温度下降至0～5℃时，搅拌下小心滴入20%氨水。控制溶液温度不超过20℃，直至溶液呈碱性为止（用石蕊试纸检验，约需氨水30mL，时间60min）。粗产品用分液漏斗分液，油层转入25mL圆底烧瓶中。减压蒸馏，收集127～133℃（0.93kPa）（7mmHg），137～140℃（1.6kPa）（12mmHg）或140～144℃（1.86kPa）（14mmHg）的馏分。馏出液在接收瓶中固化成无色结晶。称重，计算产率。

纯的己内酰胺是无色晶体，熔点为69℃。

五、检验与测试

通过测定熔点、红外光谱和核磁共振氢谱来检测产物，并与文献结果对照。

六、注释

① 合成反应中有白色粉状结晶析出，若此时呈白色小球状，则表示反应还未完全，须继续振摇。

② 滴入氨水中和时，开始要加得很慢。因反应强烈放热，初时溶液黏稠，散热慢若加得太快，会造成局部过热发生水解而降低收率。

③ 己内酰胺可用重结晶方法提纯。将粗产品转入分液漏斗中，用5mL四氯化碳萃取三次。萃取液用无水硫酸镁干燥后，滤入干燥的锥形瓶。加沸石，水浴上蒸出大部分溶剂，至剩下约4mL溶液为止。小心向溶液中加入石油醚（30～60℃），到恰好出现浑浊为止。冰浴中冷却，结晶。抽滤，用少量石油醚洗涤产品。若加入石油醚的量超过原溶液4～5倍仍未出现浑浊，说明剩下的四氯化碳量太多，需加入沸石后重新蒸去大部分溶剂，直到剩下少量四氯化碳溶液时，重新加入石油醚进行结晶。

实验28 对氨基苯磺酰胺的制备

一、实验目的

① 了解磺胺类药物的合成方法及其作用。
② 掌握有机合成中一些固体物质分离的基本操作技术。

二、实验原理

磺胺药物是含磺胺基团抗菌药物的总称，用于防治多种病菌感染。本实验合成的对氨基苯磺酰胺是磺胺类药物的基本结构。合成反应式为：

$$H_3CCHN-C_6H_4 + 2ClSO_3H \longrightarrow H_3CCHN-C_6H_4-SO_2Cl + H_2SO_4 + HCl$$

$$\xrightarrow{NH_3} H_3CCHN-C_6H_4-SO_2NH_2 + HCl$$

$$\xrightarrow{H_2O/H^+} CH_3COOH + H_2N-C_6H_4-SO_2NH_2$$

三、仪器和药品

仪器：100mL三口烧瓶，100mL圆底烧瓶，球形冷凝管，温度计，气体吸收装置，恒压滴液漏斗，烧杯，量筒，抽滤装置，磁力搅拌电热套等。

药品：乙酰苯胺，氯磺酸，浓氨水，浓盐酸，固体碳酸钠，饱和碳酸钠溶液，pH试纸。

装置图：图1-8（c）、图2-7、图1-8（a）。

四、实验步骤

合成：① 对乙酰氨基苯磺酰氯的制备。在 100mL 干燥的三口烧瓶中加入 5.4g（0.03mol）干燥的乙酰苯胺和一粒磁子，安装好球形冷凝管和温度计，冷凝管上口安装气体吸收装置。电热套小心加热，使乙酰苯胺刚好熔融。用水浴冷却烧瓶，使乙酰苯胺在烧瓶底部凝固成薄片状固体。

安装恒压滴液漏斗，将 12.5mL（0.188mol）氯磺酸缓慢滴入烧瓶中。搅拌，通过滴加速度，控制反应温度在 15℃ 以下。当氯磺酸滴加完毕，反应变缓时，小心加热使反应液温度控制在 60℃ 左右，反应 10~20min，直至不再有氯化氢气体放出为止。反应过程中务必防止吸收装置倒吸。

将烧瓶用水浴冷却，搅拌下将反应混合物慢慢倒入装有 75g 碎冰块的烧杯中。用 10mL 冷水洗涤烧瓶，洗涤液倒入烧杯中。搅拌混合液，直至固体全部析出和碎冰融化。抽滤，用少量水洗涤固体 2~3 次，抽干。

② 对乙酰氨基苯磺酰胺的制备。将制得的对乙酰氨基苯磺酰氯粗产品移入 100mL 烧杯中，在搅拌下慢慢加入 25mL 浓氨水，立即起放热反应生成糊状物。加完氨水后继续搅拌 10min，然后将烧杯放在水浴上加热搅拌 10min，以除去多余的氨。冷却、抽滤，用冷水洗涤固体。

③ 对氨基苯磺酰胺（磺胺）的制备。将制得的粗对乙酰氨基苯磺酰胺加入 100mL 圆底烧瓶中，加入 10mL 水、5mL 浓盐酸和一粒磁子，装上回流冷凝管，小心加热回流 50min。待反应物稍冷，加入少量活性炭，加热煮沸 3min，趁热抽滤。滤液稍冷，在搅拌下缓慢加入固体碳酸钠中和至 pH 值为 4~5，再缓慢加入饱和碳酸钠溶液中和至 pH 值为 7。此时有固体析出。冰水浴冷却，抽滤，用少量冰水洗涤。粗产品用水进行重结晶，抽滤、干燥、称重，计算产率。

纯的对氨基苯磺酰胺为白色晶体，熔点为 162~164℃。

五、检验与测试

通过测定熔点、红外光谱和核磁共振氢谱来检测产物，并与文献结果对照。

六、注释

① 氯磺酸对皮肤和衣服的腐蚀很强，若与水接触则发生激烈的分解，使用时要小心。

② 对乙酰氨基苯磺酰胺的制备中，温度高反应太激烈，会产生局部过热而发生副反应，如邻对位同时取代等。若反应激烈，可将烧瓶置于冰水浴中冷却，然后再滴加氯磺酸溶液。

③ 对乙酰氨基苯磺酰胺粗产品中含有游离酸，氨水的用量要超过理论量，使反应液呈碱性。

④ 对乙酰氨基苯磺酰胺可溶于过量的浓氨水中。若冷却后结晶析出不多，可加入稀硫酸至刚果红试纸变色，这时对乙酰氨基苯磺酰胺可充分析出。

⑤ 对乙酰氨基苯磺酰胺在稀盐酸中水解成对氨基苯磺酰胺，后者能与过量的盐酸作用形成水溶性的盐酸盐，所以反应完全后应当没有固体物质沉淀，否则继续加热回流。

⑥ 用碱中和滤液中的盐酸，使对氨基苯磺酰胺析出。但对氨基苯磺酰胺能溶于强酸或强碱中，故中和时必须注意控制 pH 值。

七、思考题

① 对乙酰氨基苯磺酰胺分子中既有羧酰胺又含有磺酰胺，但是水解时，前者远比后者容易，如何解释？

② 如果用苯胺为原料,是直接氯磺化还是先乙酰化后再磺化?

4.5 含氮有机化合物

实验29 硝基苯的制备

一、实验目的
① 掌握混酸硝化制备硝基苯的原理和方法,加深对亲电取代反应的理解。
② 掌握洗涤的原理与操作要点,巩固蒸馏、冷凝等基本操作。

二、实验原理
硝化反应是制备芳香族硝基化合物的一种重要方法。芳香族硝基化合物很容易被还原为芳胺,继而转化为其他芳香族化合物而在实际中用途广泛。浓硝酸和浓硫酸组成的混酸是常用的硝化试剂,反应温度通常控制在60℃以下。

反应式:

$$\text{C}_6\text{H}_6 + \text{HO-NO}_2 \xrightarrow[50\sim 55℃]{\text{H}_2\text{SO}_4} \text{C}_6\text{H}_5\text{NO}_2 + \text{H}_2\text{O}$$

一般认为,该反应的机理为:

$$\text{H-}\overset{..}{\text{O}}\text{-NO}_2 \xrightleftharpoons{\text{HOSO}_2\text{OH}} \text{H-}\overset{+}{\underset{\text{H}}{\text{O}}}\text{-NO}_2 \xrightleftharpoons{\text{HOSO}_2\text{OH}} \overset{+}{\text{NO}}_2$$

$$\text{C}_6\text{H}_6 \xrightarrow{\text{慢}} [\text{中间体}] \xrightarrow[\text{快}]{\text{HSO}_4^-} \text{C}_6\text{H}_5\text{NO}_2$$

三、仪器和药品
仪器:磁力搅拌电热套,磁力搅拌子,250mL 三口烧瓶,50mL 圆底烧瓶,100mL 恒压滴液漏斗,100mL 分液漏斗,锥形瓶,球形冷凝管,空气冷凝管,导气接头,橡胶管,50mL 量筒,蒸馏头,温度计(0~300℃)。

药品:苯,浓硝酸,浓硫酸,5%氢氧化钠溶液,无水氯化钙,沸石。

装置图:图1-8 (c)、图1-7 (a)。

四、实验步骤
混酸的配制:在100mL 锥形瓶中加入 18mL 浓硝酸,在冷却和摇荡下慢慢加入 20mL 浓硫酸制成混酸,装入恒压滴液漏斗,备用。

合成:在250mL 三口烧瓶中加入 18mL 苯和一粒搅拌磁子,安装好温度计、回流冷凝管和滴液漏斗,冷凝管上端连接好气体吸收装置。开始搅拌,自滴液漏斗滴入上述冷的混酸。控制滴加速度使反应液温度维持在50~55℃(勿超过60℃,必要时瓶外可采用冷水浴冷却),滴加过程约为60min。滴加完毕后继续搅拌 15min,反应结束。

分离与纯化:冷水浴冷却反应混合物 10min 后移入 100mL 分液漏斗中,静置,分出下层的混酸,小心倒入废液桶中。上层的有机层依次用等体积的水(约 20mL)、5% NaOH 溶液、水洗涤后,移入 50mL 干燥的锥形瓶中,加 2g 无水氯化钙干燥。粗产品倾入 50mL 圆底烧瓶中,加入2粒沸石,加热蒸馏,空气冷凝管冷凝,收集 205~210℃馏分,称重,计算产率。

纯硝基苯为无色或淡黄色的透明液体,具有苦杏仁味气味,沸点为 210.9℃,$d_4^{20}=1.203$。

五、检验与测试
可通过测定折射率、气相色谱、红外光谱和核磁共振氢谱来检测硝基苯。

六、注释
① 混酸配制时,应将锥形瓶置于冷水浴中,在不断搅拌或摇动下将浓硫酸缓慢滴加到浓硝酸中。

② 苯的硝化反应是放热反应,反应温度若超过 60℃,则有较多的副产物间二硝基苯生成,同时会导致部分硝酸和苯挥发逸出。

③ 反应结束时,用吸管吸取少许上层反应液滴入饱和食盐水中,当观察到油珠下沉时,表示硝化反应已完成。

④ 氢氧化钠溶液洗涤反应液时,不可过分用力摇荡,否则将使产品乳化而难以分层。若遇此情况,可加入固体氯化钙或氯化钠饱和,或加数滴乙醇,静置片刻,即可分层。氢氧化钠溶液洗涤至洗涤液不呈酸性。

⑤ 硝基苯有毒,处理时需加小心,如果溅在皮肤上,应先用少量酒精洗擦,再用肥皂水洗净。

⑥ 无水氯化钙干燥时,应间歇摇荡锥形瓶,干燥时间约 10~15min。

⑦ 蒸馏时切勿将产物蒸干,以避免残留在烧瓶中的二硝基苯在高温下分解爆炸。

七、思考题
① 混酸配制时,为什么要将浓硫酸缓慢滴加到浓硝酸中,而不能将浓硝酸缓慢滴加到浓硫酸中?

② 控制反应温度在 50~55℃之间,勿超过 60℃,温度过高有何不妥?

③ 有机层依次用水、5%氢氧化钠溶液、水洗涤,操作目的何在?

实验30 间二硝基苯的制备

一、实验目的
① 掌握芳环上亲电取代反应定位规则及其应用。
② 熟悉混酸硝化制备二硝基苯的原理和方法。
③ 掌握洗涤的原理与操作要点,巩固重结晶等基本操作。

二、实验原理
硝基为钝化苯环的间位定位基,使得硝基苯的硝化反应难度增大,因此实验需采用发烟硝酸和浓硫酸作为硝化试剂制备二硝基苯。

反应式:

$$\text{C}_6\text{H}_5\text{NO}_2 + \text{HO}-\text{NO}_2\text{(发烟)} \xrightarrow[95℃]{\text{H}_2\text{SO}_4} \text{C}_6\text{H}_4(\text{NO}_2)_2 + \text{H}_2\text{O}$$

三、仪器和药品
仪器:机械搅拌器,电热套,50mL 三口烧瓶,50mL 恒压滴液漏斗,布氏漏斗,三角漏斗，500mL抽滤瓶，250mL烧杯，球形冷凝管，导气接头，橡胶管，50mL量筒，温度计（0~300℃）。

药品：硝基苯，发烟硝酸，浓硫酸，10%碳酸钠溶液，95%乙醇。

装置图：图1-8（j）、图1-8（h）。

四、实验步骤

合成：在50mL三口烧瓶中加入5mL发烟硝酸（1.52g/mL），摇荡下缓慢加入7mL浓硫酸配制混酸，安装好电动搅拌器和滴液漏斗，滴液漏斗中加入4.2mL硝基苯。开始搅拌，自滴液漏斗中滴入硝基苯，控制滴加速度使反应液温度不超过95℃（若超过95℃，可采用冷水浴适当冷却）。滴加完成后，取下滴液漏斗，换上回流冷凝管，冷凝管上端连接气体吸收装置（碱液吸收），在沸水浴上加热30min，以促使反应完全。

分离与纯化：反应液冷却到约70℃，在剧烈搅拌下，将反应液慢慢倒入盛有150g碎冰的烧杯中（通风橱中进行）。产物冷却并凝固成块状沉在底部，倾去上层酸液至废液缸。烧杯中加入25mL热水，电热套加热使二硝基苯熔化，搅拌，冷却后产品析出，倾去水层，重复2~3次。继而用50mL 10%碳酸钠溶液洗涤固体，再用100mL水洗两次。抽滤，收集粗产品，用30mL 95%乙醇重结晶，得淡黄色固体，干燥、称重，计算产率。

纯间二硝基苯为淡黄色针状晶体，熔点为90.2℃。

五、检验与测试

可通过测定熔点、红外光谱和核磁共振氢谱来检测间二硝基苯。

六、注释

① 反应是否完全的检验：取少许反应液滴入盛有冷水的试管中，若有淡黄色固体析出，表示反应已完全；若呈半固体状，表示还需继续反应。

② 反应液倒入水中时，会产生大量有毒、有腐蚀性的氮氧化物气体，该操作需在通风橱中进行，并一直放置到无气体溢出时再进行过滤。

③ 反复多次的水洗是为了去除固体中残余的酸性杂质。

④ 碱洗是为了去除固体中邻位和对位二硝基苯的副产物。

⑤ 乙醇重结晶可进一步去除副产物和未反应的硝基苯。

七、思考题

① 硝化反应结束时，通常是将反应液倒入大量水中，该操作目的何在？

② 粗产品间二硝基苯中有哪些杂质？是如何被一一去除的？

实验31　苯胺的制备

一、实验目的

① 熟悉芳香族硝基化合物还原反应的原理及其应用。

② 掌握水蒸气蒸馏的原理和操作要点。

二、实验原理

在Fe-HCl、Fe-CH_3COOH、Sn-HCl和$SnCl_2$-HCl等条件下，芳香族硝基化合物很容易被还原成芳香族伯胺。实验室中制备少量苯胺，通常以铁粉为还原剂、乙酸为催化剂的方法还原硝基苯；工业上生产苯胺，以前也采用此法，但由于反应中产生大量含苯胺的铁泥（Fe_3O_4），造成了严重的环境污染，现在已改为更加清洁、高效的催化加氢法，常用的催化剂有Ni、Pt和Pd等。

反应式：

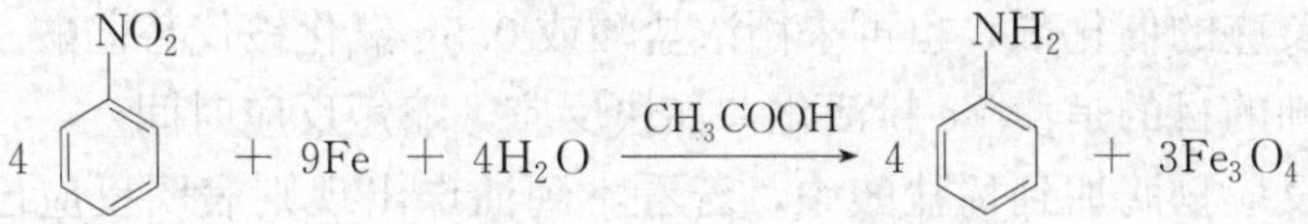

$$4 \; \text{C}_6\text{H}_5\text{NO}_2 + 9\text{Fe} + 4\text{H}_2\text{O} \xrightarrow{\text{CH}_3\text{COOH}} 4 \; \text{C}_6\text{H}_5\text{NH}_2 + 3\text{Fe}_3\text{O}_4$$

该反应的机理是硝基苯和各步中间体不断从 Fe 及其低价离子处得到电子，并从水中得到质子而逐步被还原：

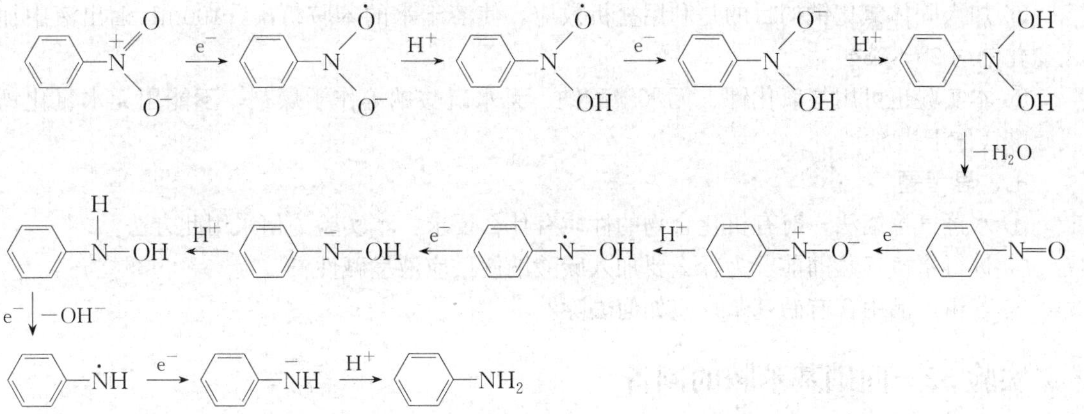

三、仪器和药品

仪器：机械搅拌器，电热套，250mL 三口烧瓶，50mL 圆底烧瓶，分液漏斗，球形、直形和空气冷凝管，水蒸气发生装置，克氏蒸馏头，蒸馏头，T 形管，尾接管，锥形瓶，温度计。

药品：硝基苯，铁粉，乙酸，氯化钠，碳酸钠，氢氧化钠。

装置图：图 1-8（h）、图 1-7（g）、图 1-7（a）。

四、实验步骤

合成：在 250mL 三口烧瓶中依次加入 25mL 水、15g 铁粉、1mL 乙酸和 5mL 硝基苯，安装好温度计、电动搅拌器和回流冷凝管。开始搅拌，加热至反应物微沸，当反应开始缓慢回流时撤掉电热套，待反应趋于平缓后，再继续加热回流 30min 直至反应完全，此时反应液为黑色。

分离与纯化：反应液冷却后，用约 10mL 水将回流冷凝管和搅拌棒上的黏附物冲洗到瓶中。在摇荡下分批加入 1g 碳酸钠粉末至反应液为碱性。将装置改为水蒸气蒸馏装置，进行水蒸气蒸馏，至馏出液澄清时停止蒸馏。馏出液中加入固体氯化钠至饱和，转入分液漏斗中分去水层，有机层倾入干燥的锥形瓶中，加入粒状氢氧化钠干燥 10~15min；将干燥后的粗产品倒入 50mL 圆底烧瓶中，加入 1~2 粒沸石，进行蒸馏，空气冷凝管冷凝，收集 182~185℃的馏分，得油状液体，称重，计算产率。

纯苯胺为无色油状液体，沸点为 184.4℃，$d_4^{20}=1.022$，$n_\text{D}^{20}=1.5863$。

五、检验与测试

① 与溴水作用：5mL 水中加入 1~2 滴新制备的苯胺，振荡使其溶解后，滴加饱和的溴水溶液，立即产生白色浑浊或沉淀。

② 碱性：0.5mL 水中加入 2~3 滴新制备的苯胺，溶液变浑浊或分层；继续滴加 5% 盐酸，溶液变澄清；再加入少许氢氧化钠固体，溶液再次变浑浊或分层。

③ 通过测定折射率、红外光谱和核磁共振氢谱来检测苯胺，并与文献结果对照。

六、注释
① 乙酸为该反应的催化剂，也可采用浓盐酸或 0.5g 氯化铵代替乙酸。
② 加热至微沸的目的是使 Fe 粉活化，加快反应，缩短反应时间。
③ 吸取少量反应物滴加到稀盐酸中，若看不到油珠出现则表明反应已经完成，若看见油珠出现则表明反应未完成，还需继续回流反应。
④ 碳酸钠粉末应分批加入，并缓慢摇荡反应瓶，防止泡沫溢出。
⑤ 加入固体氯化钠的目的是利用盐析效应，使溶于水的苯胺析出，100mL 馏出液中加入氯化钠约 20~25g。
⑥ 本实验也可用氢氧化钾、无水碳酸钠、无水硫酸钠等作干燥剂，不能用无水氯化钙或硫酸镁作干燥剂。

七、思考题
① 水蒸气蒸馏法，对有机化合物的性质有什么要求？本实验为何采用此方法？
② 进行水蒸气蒸馏前，为什么要加入碳酸钠使反应液呈碱性？
③ 若粗产品中含有硝基苯，应如何去除？

实验 32 间硝基苯胺的制备

一、实验目的
① 掌握芳香族多硝基化合物部分还原反应的原理及其应用。
② 熟悉蒸馏、重结晶、活性炭脱色等基本操作。

二、实验原理
芳香族多硝基化合物在硫化碱（多硫化钠、硫氢化钠、硫氢化铵等）还原剂作用下，可实现硝基选择性的部分还原，称为齐宁（Zinin）还原，适用于制备不溶于水的芳胺类化合物，但必须严格控制硫化碱的用量和还原温度，以避免硝基的完全还原。该方法比较缓和，产物易分离，易实现封闭式生产，但成本较高，收率低，产生的废液较多，易造成污染环境。

反应式：

$$Na_2S + NaHCO_3 \xrightarrow{CH_3OH/H_2O} NaSH + Na_2CO_3 \downarrow$$

$$4\ \underset{NO_2}{\underset{|}{C_6H_4}}\text{-}NO_2 + 6NaSH + H_2O \longrightarrow 4\ \underset{NO_2}{\underset{|}{C_6H_4}}\text{-}NH_2 + 3Na_2S_2O_3$$

一般认为，该还原反应为双分子反应，经苯基羟胺最终生成产物；反应中硫化物为电子给体，反应后被氧化为硫代硫酸盐，水或醇是质子给体；硝基在水或醇体系中是自催化反应，因为 S^{2-} 与生成的 S 反应得到的 S_2^{2-} 还原活性更高；芳环上引入给电子基阻碍反应进行，引入吸电子基则加速反应；带羟基、甲氧基或甲基的邻二硝基化合物、对二硝基化合物，采用硫化碱可选择性还原邻位硝基。

三、仪器和药品
仪器：磁力搅拌电热套，100mL 圆底烧瓶，球形和直形冷凝管，蒸馏头，尾接管，锥形瓶，100mL 烧杯，布氏漏斗，抽滤瓶，温度计。
药品：间二硝基苯，硫化钠，碳酸氢钠，甲醇，活性炭，75% 乙醇。

装置图：图 2-7、图 1-8（a）、图 1-7（a）。

四、实验步骤

合成：在 100mL 烧杯中，将 6g（25mmol）硫化钠溶于 12.5mL 水中，充分搅拌下，分批加入 2.1g（25mmol）固体碳酸氢钠，得澄清透明溶液。继而缓慢滴入 15mL 甲醇，边滴边搅拌，并将烧杯置于冰水浴中冷却至 20℃ 以下，立即产生碳酸钠沉淀。静止 15min 后抽滤，滤饼用 10mL 甲醇分三次洗涤，合并滤液和洗涤液备用。

在 100mL 圆底烧瓶中依次加入 2.5g（15mmol）间二硝基苯、20mL 甲醇和一粒搅拌子，搭建好回流冷凝管。开始搅拌，加热至固体溶解。再从冷凝管顶端用滴管加入上述制好的硫氢化钠溶液，加热回流 20min 后，冷却至室温。

分离与纯化：将装置改为蒸馏装置，蒸出大部分甲醇，瓶内残液在搅拌下趁热倾入 80mL 冷水中，立即析出大量黄色固体。将上述混合物抽滤，并用少量冷水洗涤固体，干燥，得粗产品约 1.5g。粗产品用 10～15mL 75％ 的乙醇进行重结晶，活性炭脱色，得针状结晶，称重，计算产率。

纯间硝基苯胺为黄色针状晶体，熔点为 114℃。

五、检验与测试

可通过测定熔点、红外光谱和核磁共振氢谱来检测间硝基苯胺。

六、注释

① 碳酸钠在甲醇水溶液中溶解度较小，以水合碳酸钠形式沉淀出来。

② 间硝基苯胺不溶于水，而硫氢化钠、碳酸钠溶于水，倒入水中可实现产物和过量原料的分离。

七、思考题

① 反应结束后，为什么要蒸出大部分甲醇？

② 在滴加 NaSH 的甲醇水溶液时，若反应瓶内出现少量 Na_2CO_3 沉淀，是否需要立即除去，为什么？

实验 33　甲基橙的制备

一、实验目的

① 掌握偶氮染料的制备原理、用途以及甲基橙的合成方法。

② 巩固重结晶的原理和操作。

二、实验原理

甲基橙是一种酸碱指示剂，由对氨基苯磺酸重氮盐与 N,N-二甲基苯胺的乙酸盐，在弱酸性介质中偶合得到，首先得到的是嫩红色的酸式甲基橙，也称为酸性黄，继而在强碱中酸性黄转变为橙色的钠盐，即甲基橙。

反应式：

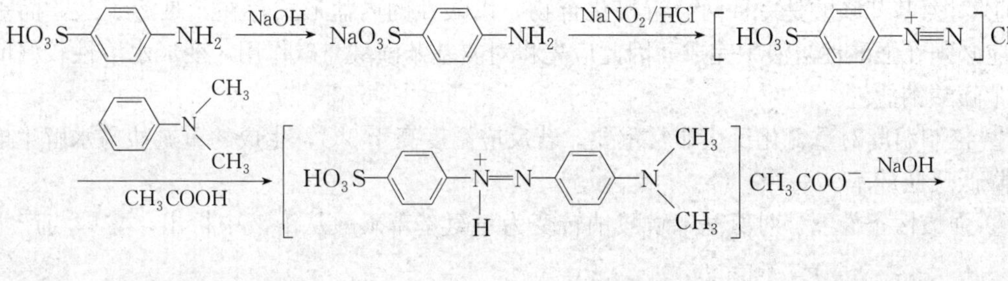

$$NaO_3S-\!\!\!\!\bigcirc\!\!\!\!-N=N-\!\!\!\!\bigcirc\!\!\!\!-N(CH_3)_2$$

偶氮染料（azo dyes）是纺织品服装在印染工艺中应用最广泛的一类合成染料，用于多种天然和合成纤维的染色和印花，也用于油漆、塑料、橡胶等的着色。芳香族伯胺在强酸性条件下与亚硝酸作用生成的重氮盐，后者作为亲电试剂在弱酸性条件与富电子的芳胺环发生偶合反应是制备偶氮染料的一种常用方法。但是有少数偶氮结构的染料品在化学反应分解中可能产生多种致癌物质而被欧盟等发达国家禁用，因此致力于禁用染料替代品的研究成为现今各国染料界的热点研究之一。

三、仪器和药品

仪器：电热套，50mL 圆底烧瓶，球形冷凝管，50mL 烧杯，玻璃棒，试管，布氏漏斗，抽滤瓶，温度计。

药品：对氨基苯磺酸，亚硝酸钠，N,N-二甲基苯胺，氢氧化钠溶液（10%，5%，1%），浓盐酸，冰醋酸，乙醇，尿素，淀粉-碘化钾试纸。

装置图：图 2-7、图 1-8 (a)。

四、实验步骤

合成：在 50mL 烧杯中，依次加入 2g 对氨基苯磺酸、10mL 5% 氢氧化钠溶液，温热使之溶解。冷至室温后加入 0.8g 亚硝酸钠，搅拌溶解，将该溶液分批滴入装有 13mL 冰冷的水和 2.5mL 浓盐酸的烧杯中，冰浴使体系温度<5℃，不断搅拌，此时会产生白色的对氨基苯磺酸重氮盐细粒状沉淀。为保证反应完全，继续在冰浴中搅拌 15min，放置备用。

硬质试管中加入 1.3mL N,N-二甲基苯胺和 1mL 冰醋酸，振荡使之混合。搅拌下将此溶液缓慢滴加到上述冰冷的对氨基苯磺酸重氮盐溶液中。加完后继续搅拌 15min，此时有红色的酸性黄沉淀产生。继续滴加 15mL 10% 氢氧化钠溶液并不停搅拌，反应物变为橙色，粗制的甲基橙产品呈细粒状沉淀析出。

分离与纯化：将反应混合物置于沸水浴中加热 5～10min，搅拌使粗制的甲基橙溶解，稍冷后置于冰浴中冷却，甲基橙重新结晶析出。抽滤，依次用少量的水、乙醇淋洗滤饼，抽干得粗产品。粗产品用 1% NaOH 溶液进行重结晶，经抽滤，少量水和乙醇淋洗，压紧、抽干后得到橙黄色片状结晶，称重，计算产率。

纯甲基橙为橙黄色鳞片状晶体，熔点>300℃。

五、检验与测试

① 配置 1% 甲基橙水溶液，加入几滴稀盐酸，然后加入稀氢氧化钠溶液，通过观察溶液红、橙、黄的颜色变化进行检测。

② 可通过红外光谱和核磁共振氢谱来检测甲基橙。

六、注释

① 对氨基苯磺酸是一种两性有机化合物，以酸性的内盐形式存在，难溶于酸，而重氮化反应必须在强酸性溶液中完成，因此应先将对氨基苯磺酸与碱作用，变成水溶性较好的对氨基苯磺酸钠盐。

② 控制温度对重氮化反应非常重要。若反应温度高于 5℃，生成的重氮盐易水解生成苯酚而降低反应产率。

③ 强酸性条件下，对氨基苯磺酸钠转变为对氨基苯磺酸从溶液中析出，立即与产生的

亚硝酸作用，生成白色细粒状的重氮盐。

④ 用淀粉-碘化钾试纸检验反应体系中亚硝酸是否过量，过量的亚硝酸能引起氧化和亚硝化等一系列副反应，可通过添加少量尿素的方法去除。

$$H_2N-\underset{\underset{O}{\|}}{C}-NH_2 + HNO_2 \longrightarrow CO_2\uparrow + N_2\uparrow + H_2O$$

⑤ 乙醇淋洗的目的是使产品迅速干燥。

七、思考题

① 制备重氮盐前为什么要加入氢氧化钠与对氨基苯磺酸？可否直接将对氨基苯磺酸与盐酸混合，再加入亚硝酸钠溶液进行重氮化操作？为什么？

② 为什么要在强酸条件下进行重氮化反应？而偶合反应却要在弱酸条件下进行？

实验34 1-苯基偶氮基-2-萘酚的制备

一、实验目的

① 熟悉偶氮化合物的制备方法。

② 熟悉搅拌冷却、抽滤、洗涤和重结晶等基本操作。

二、实验原理

1-苯基偶氮基-2-萘酚，又名"苏丹红一号"（Sudan Ⅰ），是一种人工合成的、红色的、亲脂性偶氮染料，常作为工业染料被广泛应用于油、蜡等产品的增色以及鞋、地板的增光方面。毒理学研究表明，"苏丹红一号"具有一定的毒性和致癌性，各国早已禁止将"苏丹红一号"作为食品添加剂用于食品生产。实验室中，该物质可由苯基重氮盐与2-萘酚在弱碱性（pH=8~10）条件下偶联得到。

反应式：

$$\text{PhNH}_2 \xrightarrow{\text{NaNO}_2/\text{HCl}} [\text{PhN}_2]^+\text{Cl}^- \xrightarrow[\text{NaOH}]{\text{2-萘酚}} \text{Ph-N=N-C}_{10}\text{H}_6\text{-OH}$$

一般认为，重氮正离子中氮原子上的正电荷可以离域到苯环上，是一种较弱的亲电试剂，进攻被强供电子基（如—OH）高度活化的芳环，而发生偶联反应。

三、仪器和药品

仪器：电热套，50mL圆底烧瓶，球形冷凝管，50mL烧杯，玻璃棒，布氏漏斗，抽滤瓶，温度计。

药品：苯胺，亚硝酸钠，浓盐酸，2-萘酚，10%氢氧化钠溶液，乙酸，乙醇，淀粉-碘化钾试纸。

装置图：图2-7、图1-8（a）。

四、实验步骤

合成：在50mL烧杯中，依次加入4mL水、4mL浓盐酸、1.25mL苯胺，冰水浴冷却，玻璃棒搅拌，使混合物温度<5℃，放置备用。另取50mL烧杯，依次加入5mL水、1g亚硝酸钠，旋摇烧杯使固体全部溶解，冰水冷却至5℃以下。搅拌下将冷却的亚硝酸钠溶液滴加到上述烧杯中，烧杯中混合物的温度不超过10℃。滴加完成后继续搅拌5min。取1滴反

应液,用 3~4 滴水稀释,用淀粉-碘化钾试纸检测,如果试纸不能迅速变蓝,则补加亚硝酸钠溶液;如果试纸迅速变蓝,则将反应液放置于冰水浴中,备用。

再取 50mL 烧杯,依次加入 12.5mL 10%氢氧化钠、1.95g 2-萘酚,旋摇烧杯使固体全部溶解,冰水冷却并在溶液中加入 6.5g 碎冰使温度降至 5℃以下。保持反应温度<10℃,剧烈搅拌下将上述备用的重氮盐溶液缓慢滴入,此时反应混合物变为红色,且有红色晶体产生。当加完全部的重氮盐溶液后,将反应混合物继续在冰浴中搅拌 20min 后,抽滤,用 10mL 水分三次洗涤滤饼,充分抽干水分,得 1-苯基偶氮基-2-萘酚粗产品。

分离与纯化:粗产品用乙醇或乙酸进行重结晶,得深红色晶体,称重,计算产率。

纯 1-苯基偶氮基-2-萘酚为深红色晶体,熔点为 131℃。

五、检验与测试
可通过测定熔点、红外光谱和核磁共振氢谱来检测 1-苯基偶氮基-2-萘酚。

六、注释
① 亚硝酸钠有毒,使用时若沾到皮肤上,应尽快用大量水冲洗。
② 反应中混合物温度若超过 10℃,可向烧杯中加入少量碎冰降温。
③ 重结晶溶剂的用量,一般为 0.1g 固体大约使用 0.8~1mL 溶剂。

七、思考题
① 为什么重氮化和偶联反应都要在低温下进行?
② 在进行偶联反应时,能否将 2-萘酚溶液加入重氮盐溶液中?为什么?

实验 35 氯化三乙基苄基铵的制备

一、实验目的
① 掌握季铵盐制备的原理和方法,了解相转移催化等概念。
② 掌握回流、抽滤等基本操作。

二、实验原理
氯化三乙基苄基铵(TEBA)是一种季铵盐,常用作多相反应中相转移催化剂(PTC)和阳离子表面活性剂,具有盐类的特性,为结晶形固体,能溶于水,在空气中极易吸湿分解。实验室中可由氯化苄与三乙胺在 1,2-二氯乙烷、苯、甲苯等溶剂中反应,生成的产物不溶于有机溶剂而以晶体形式析出,过滤即可得到 TEBA。

反应式:

$$\text{C}_6\text{H}_5\text{—CH}_2\text{Cl} + (\text{CH}_3\text{CH}_2)_3\text{N} \xrightarrow[\triangle]{\text{ClCH}_2\text{CH}_2\text{Cl}} \text{C}_6\text{H}_5\text{—CH}_2\overset{+}{\text{N}}(\text{CH}_2\text{CH}_3)_3\text{Cl}^- \downarrow$$

该反应为典型的亲核取代反应。

三、仪器和药品
仪器:磁力搅拌电热套,50mL 圆底烧瓶,球形冷凝管,布氏漏斗,抽滤瓶等。
药品:苄氯,三乙胺,1,2-二氯乙烷,无水乙醚,沸石。
装置图:图 1-8(a)。

四、实验步骤
合成:在 50mL 圆底烧瓶中,依次加入 2.8mL 苄氯、10mL 1,2-二氯乙烷、3.5mL 三乙胺和一粒搅拌子,放入几粒沸石后,安装好回流冷凝管。开始搅拌,加热至反应物沸腾。回流 90min 后,冷却,静置,析出结晶。

分离与纯化：将反应混合物抽滤，滤饼先后用 5mL 1,2-二氯乙烷和 5mL 无水乙醚进行洗涤，抽干，干燥后称重，得白色晶体，计算产率。

纯氯化三乙基苄基铵为白色晶体或粉末，熔点为 239℃。

五、检验与测试

可通过测定熔点、红外光谱和核磁共振氢谱来检测氯化三乙基苄基铵。

六、注释

① 久置的苄氯常伴有苄醇和水，应使用新蒸馏的苄氯。
② 析出结晶时要充分冷却，以保证结晶析出完全。
③ 分离与纯化后得到的白色晶体应在红外灯下烘干，置于干燥器中保存，防止吸潮。

七、思考题

① 为什么季铵盐可以作为相转移催化剂？
② 反应器为什么要干燥？

4.6 杂环化合物

实验 36　呋喃甲醇和呋喃甲酸的制备

一、实验目的

① 熟悉康尼扎罗（Cannizzaro）反应的机理及用其制备醇和酸的方法。
② 进一步学习物质分离、萃取、重结晶、抽滤等基本操作。

二、实验原理

不含 α-氢原子的醛（如甲醛、苯甲醛等）在浓碱作用下，能发生自身的氧化还原反应，即一分子醛被氧化成羧酸，而另一分子醛则被还原为醇，这类反应称为康尼扎罗（Cannizzaro）反应。康尼扎罗反应是一种歧化反应，具有 α-氢原子的醛不进行此反应，而进行羟醛缩合反应。呋喃甲醛又称糠醛，是有机合成的原料，为无色液体，沸点为 162℃，可由农副产品如玉米芯、燕麦壳、棉籽壳等原料来制取。呋喃甲醛与约 40% 氢氧化钠水溶液作用发生康尼扎罗反应生成呋喃甲醇（又称糠醇）和呋喃甲酸钠（又称糠酸钠），后者酸化得到呋喃甲酸。

反应式如下：

$$2 \text{ furan-CHO} \xrightarrow{\text{NaOH}} \text{furan-CH}_2\text{OH} + \text{furan-COONa} \xrightarrow{\text{H}^+} \text{furan-COOH}$$

该反应的实质是羰基的亲核加成。反应涉及羟基负离子对一分子不含 α-H 的醛的亲核加成，加成物的负氢向另一分子醛转移（亲核加成）及酸碱交换反应。机理如下：

$$\text{furan-C(=O)-H} + \text{OH}^- \longrightarrow \text{furan-C(O}^-\text{)(H)(OH)}$$

$$\text{(furan)}\overset{O^-}{\underset{OH}{C}}H + \overset{H}{\underset{O}{C}}(\text{furan}) \longrightarrow (\text{furan})\overset{O}{C}-OH + (\text{furan})CH_2O^-$$

$$\longrightarrow (\text{furan})\overset{O}{C}-O^- + (\text{furan})CH_2OH$$

三、仪器和药品

仪器：烧杯，玻璃棒，分液漏斗，抽滤装置，蒸馏装置等。

药品：呋喃甲醛，氢氧化钠，乙醚，无水硫酸镁，浓盐酸。

装置图：图 2-7、图 1-7 (a)。

四、实验步骤

氢氧化钠溶液的配制：在一烧杯中，将 4g 氢氧化钠分批加入到 6mL 水中，搅拌使之溶解，得到浓度为 40% 的氢氧化钠溶液，冰水浴冷却。

合成：在 50mL 烧杯中加入 3.28mL（3.8g，0.04mol）呋喃甲醛，并用冰水冷却；在搅拌下滴加 40% 氢氧化钠水溶液于呋喃甲醛中。滴加过程中必须保持反应混合物温度在 8～12℃ 之间。加完氢氧化钠溶液后，保持此温度继续搅拌反应 60min，得一黄色浆状物。

分离与纯化：在搅拌下向反应混合物加入适量水（约 5mL），使其恰好完全溶解，得暗红色溶液。将溶液转入分液漏斗中，每次用 3mL 乙醚萃取，共萃取 4 次。合并乙醚萃取液，用无水硫酸镁干燥后，先在水浴中蒸去乙醚，然后在石棉网上加热蒸馏，收集 169～172℃ 馏分，产量约为 1.2～1.4g。纯呋喃甲醇为无色透明液体，沸点为 171℃。

上述乙醚萃取后的水溶液在搅拌下慢慢加入浓盐酸至 pH 值为 2～3，用冰水冷却，结晶，抽滤，固体用少量冷水洗涤，抽干后收集产品。粗产品用水重结晶，如溶液有颜色，则用活性炭脱色，得白色针状呋喃甲酸晶体，产量约为 1.5g，熔点为 130～132℃。纯呋喃甲酸的熔点为 133～134℃。

五、检验与测试

呋喃甲醇可通过测定折射率或气相色谱检测，呋喃甲酸可通过测定熔点和高效液相色谱检测。

六、注释

① 久置的呋喃甲醛呈棕褐色或黑色，且含水，使用前需蒸馏收集 155～162℃ 的馏分。新蒸的呋喃甲醛为无色或淡黄色液体。

② 反应温度若高于 12℃，则反应温度极易升高而难以控制，从而生成深红色的副产物。若温度过低，则反应过慢，使氢氧化钠部分析出并积累，一旦发生反应，则过于猛烈，也使反应温度迅速升高。由于歧化反应是在两相间进行的，因此必须充分搅拌。

③ 酸要加够，以保证呋喃甲酸充分游离出来，这是影响呋喃甲酸收率的关键。

七、思考题

① 反应结束后要加适量的水使固体溶解。为什么不能加入过多的水？

② 反应结束后，在反应混合物中有时会有一些残余的呋喃甲醛被萃取到乙醚中，如何将其除去？

③ 本实验根据什么原理来分离呋喃甲酸和呋喃甲醇？

实验 37　8-羟基喹啉的制备

一、实验目的

① 熟悉合成杂环化合物喹啉类结构的原理和方法。

② 掌握回流、水蒸气蒸馏、重结晶、升华等基本操作。

二、实验原理

8-羟基喹啉能与多种金属离子配位，是分析化学中一种常用的配位剂，用作沉淀和分析金属离子的沉淀剂和萃取剂，也是重要的农药、染料中间体。8-羟基喹啉是两性的，能溶于强酸、强碱，在 pH＝7 时溶解度最小。8-羟基喹啉可由 Skraup 反应进行合成。芳胺与无水甘油、浓硫酸以及弱氧化剂硝基芳烃或碘等一起加热可制得喹啉及其衍生物，该方法由 Skraup 在 1880 年合成喹啉时首次发现，是合成喹啉类化合物的重要方法。

反应式为：

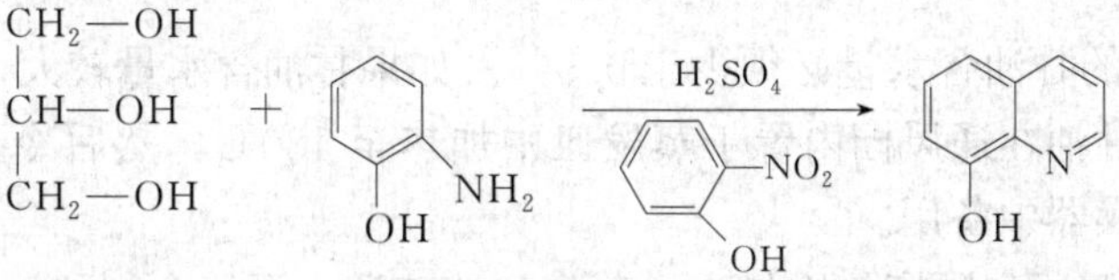

在 Skraup 反应中，硝基芳烃作为弱氧化剂起脱氢氧化的作用，也可用碘单质或五氧化二砷代替。邻硝基苯酚在反应中被还原为邻羟基苯胺，也能参加反应。为避免氧化反应过于剧烈而难以控制，常加入少量的硫酸亚铁，其作为氧的载体可以缓和反应。

具体反应过程如下：

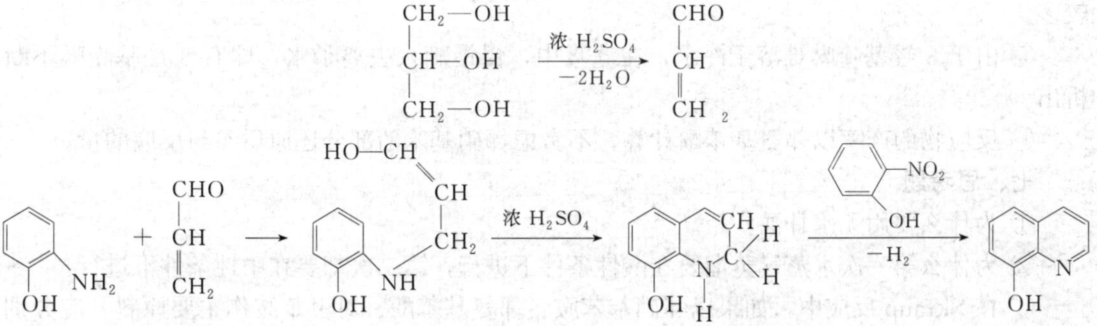

三、仪器和药品

仪器：圆底烧瓶，回流冷凝管，水蒸气蒸馏装置，抽滤装置等。

药品：无水甘油，邻硝基苯酚，邻氨基苯酚，浓硫酸，氢氧化钠（1∶1），饱和碳酸钠溶液，乙醇。

装置图：图 1-8（a）、图 1-7（g）。

四、实验步骤

合成：在 100mL 圆底烧瓶中加入无水甘油 7.5mL（约 9.5g，0.1mol）、邻硝基苯酚 1.8g（约 0.013mol）、邻氨基苯酚 2.8g（约 0.025mol），剧烈振荡，使之混合。在不断振荡下慢慢滴入浓硫酸 4.5mL（若瓶内温度较高，可在冷水浴上冷却）。装上回流冷凝管，用小火在石棉网上加热，约 15min 溶液微沸，即移开火源。反应大量放热，待反应缓和后，继续小火加热，保持反应物微沸回流 90～120min。

分离与纯化：反应混合物冷却后，进行水蒸气蒸馏，除去未反应的邻硝基苯酚，直至蒸出的混合液澄清为止（约 30min）。待烧瓶内混合物冷却后，慢慢加入 1∶1（质量比）的氢氧化钠水溶液约 7mL，摇匀后，再小心滴入饱和碳酸钠溶液，使瓶内溶液呈中性。再进行水蒸气蒸馏，蒸出 8-羟基喹啉（约 25min）。待馏出液充分冷却后，抽滤，收集析出物，洗涤，干燥后得粗产物约 3g。

粗产物用 4:1（体积比）乙醇-水混合溶剂约 25mL 重结晶，得 8-羟基喹啉纯品，称重，计算产率。

纯 8-羟基喹啉的熔点为 75～76℃。

五、检验与测试

可通过红外光谱和核磁共振氢谱对 8-羟基喹啉进行测试，分析图谱并与标准图谱进行对照比较。

六、注释

① 本实验所用的甘油含水量必须少于 0.5%。如果甘油含水量较大，则 8-羟基喹啉的产量不高。可将普通甘油在通风橱内置于蒸发皿中加热至 180℃，然后冷至 100℃左右时，放入盛有浓硫酸的干燥器中备用。

② 试剂必须按照所列顺序依次加入，若先加浓硫酸，可能会剧烈放热。

③ 此反应为放热反应，溶液呈微沸时，表示反应已经开始，如继续加热，则反应过于激烈，会使溶液冲出容器。

④ 8-羟基喹啉既可溶于碱又可溶于酸而成盐，成盐后不能用水蒸气蒸馏蒸出，为此必须小心中和，严格控制 pH 值在 7～8 之间。当中和恰当时，瓶内析出的 8-羟基喹啉沉淀较多。

⑤ 由于 8-羟基喹啉难溶于冷水，在滤液中，慢慢滴入去离子水，即有 8-羟基喹啉不断析出。

⑥ 反应物的产率以邻氨基苯酚计算，不考虑邻硝基苯酚部分还原后参与反应的量。

七、思考题

① 为什么要用无水甘油？

② 为什么第一次水蒸气蒸馏要在酸性条件下进行，第二次却要在中性条件下进行？

③ 在 Skraup 反应中，如果以邻硝基苯胺、邻氨基苯酚、对甲苯胺作主要原料，应分别得到什么产物？

实验 38 巴比妥酸的制备

一、实验目的

① 掌握巴比妥酸的制备原理和方法。

② 进一步巩固回流、抽滤等操作技能。

二、实验原理

巴比妥酸，学名丙二酰脲，是一种有机合成中间体，用于制造巴比妥类药物及塑料。其可由丙二酸二乙酯和尿素在乙醇钠的催化下制备。

反应式为：

三、仪器和药品

仪器：二口圆底烧瓶，回流冷凝管，抽滤装置等。

药品：无水乙醇，金属钠，丙二酸二乙酯，尿素，无水氯化钙，浓盐酸。

装置图：图1-8（b）。

四、实验步骤

合成：在100mL干燥的二口圆底烧瓶中加入20mL无水乙醇和一粒搅拌子，装上回流冷凝管，冷凝管上端连接填有无水氯化钙的干燥管。从其侧口分数次加入1g切成细丝的金属钠，待其全部溶解。开始搅拌，依次加入6.6mL丙二酸二乙酯，2.4g干燥的尿素和12mL无水乙醇。加热回流120min后，停止加热。

分离和纯化：反应液冷却后，为黏稠的白色固体，加入30mL热水，用盐酸酸化至pH值为3，得澄清溶液，过滤除去杂质。用冰水冷却溶液使其析出晶体，抽滤，用冷水洗涤，得白色棱柱状结晶，干燥、称重，计算产率。

纯巴比妥酸的熔点为244~245℃。

五、检验与测试

巴比妥酸可通过测定熔点和红外光谱进行检测。

六、注释

① 金属钠要除去氧化膜，并尽可能切成细丝。

② 尿素要事先干燥。

七、思考题

① 本实验所需的无水乙醇能否用95%的乙醇代替，为什么？

② 使用盐酸的目的是什么？

实验39　香豆素-3-甲酸的制备

一、实验目的

① 学习利用Knoevenagel反应制备香豆素衍生物的原理和实验方法。

② 了解酯水解法制备羧酸的原理。

③ 巩固回流、抽滤、重结晶等操作技术。

二、实验原理

香豆素又称香豆精，存在于香豆的种子中及薰衣草、桂皮的精油中。香豆素具有香茅草的香气，是一种重要的香料，常用作定香剂，用于配制香水、花露水、香精等，也用于一些橡胶和塑料制品。一些香豆素的衍生物也可作为香料、药物、农药或杀鼠剂。天然植物中香豆素含量很少，大量香豆素及其衍生物是通过有机合成得到的。1868年，Perkin将水杨醛、乙酸酐、乙酸钾一起加热制备了香豆素，该方法也称为Perkin合成法。反应式如下：

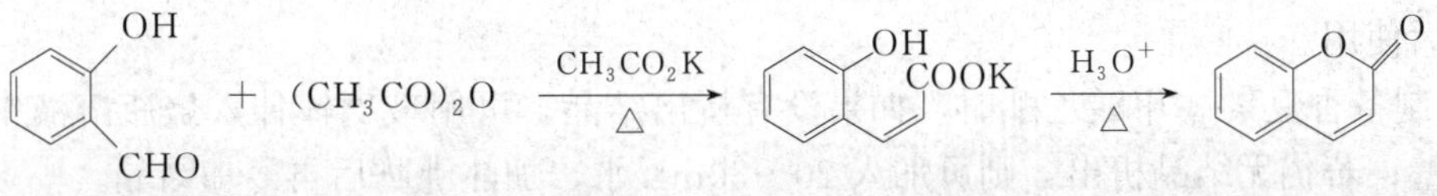

Perkin法反应时间长、反应温度高，合成香豆素衍生物时产率不高。本实验由水杨醛和丙二酸二乙酯在脯氨酸的催化下，在较低温度下发生Knoevenagel反应，闭环产物水解合

成香豆素-3-甲酸。反应式为：

$$\text{水杨醛} + CH_2(CO_2C_2H_5)_2 \xrightarrow{\text{L-脯氨酸}} \text{香豆素-3-甲酸乙酯} \xrightarrow{NaOH} \xrightarrow{HCl} \text{香豆素-3-甲酸}$$

醛、酮在弱碱催化下与具有活泼α-氢化合物缩合的反应称为Knoevenagel反应。反应中的弱碱常用叔胺、吡啶，也可使用碳酸盐。脯氨酸作为催化剂，其作用有两个方面：一方面是脯氨酸中的氨基可以夺取丙二酸二乙酯亚甲基上的氢原子，使其生成碳负离子；另一方面是脯氨酸中的羧基可以使水杨醛中的甲酰基质子化从而使其活化，更易受到丙二酸二乙酯负离子的进攻。

三、仪器和药品

仪器：磁力搅拌电热套，圆底烧瓶，球形冷凝管，三角瓶，布氏漏斗，抽滤瓶等。

药品：水杨醛，丙二酸二乙酯，L-脯氨酸，无水乙醇，50%乙醇，氢氧化钠，浓盐酸。

装置图：图1-8（a）。

四、实验步骤

合成：在干燥的100mL圆底烧瓶中依次加入2.1mL水杨醛、30mL无水乙醇和磁子，开启搅拌装置，依次加入3.0mL丙二酸二乙酯和0.12g L-脯氨酸。安装好球形冷凝管，加热回流45min。将反应混合物冷却，待晶体析出后抽滤，用1～2mL冷的50%乙醇洗涤，重复2～3次，最后将晶体压紧抽干，得到香豆素-3-甲酸乙酯粗产品。

取香豆素-3-甲酸乙酯粗产品2g加入到50mL圆底烧瓶中，同时往烧瓶中加入10mL无水乙醇、5mL水及搅拌磁子。开启搅拌装置，再加入1.5g氢氧化钠，安装球形冷凝管，搅拌加热回流15min，静置，冷却。将反应混合物倒入装有25mL水和5mL浓盐酸的烧杯中，此时有大量白色晶体析出。

分离与纯化：在冰水浴中冷却烧杯，使晶体完全析出，抽滤，用少量冰水洗涤晶体，抽干得到香豆素-3-甲酸粗产品。用水进行重结晶，可得到较纯的产品，称重，计算产率。

香豆素-3-甲酸熔点为190℃。

五、检验与测试

香豆素-3-甲酸可通过红外光谱和核磁共振氢谱进行测试，分析谱图并与文献谱图或相关数据进行比较。

六、注释

① 久置的脯氨酸会吸潮，最好使用新购的脯氨酸。吸潮后的脯氨酸也可在真空干燥箱中烘干后使用。

② 制备香豆素-3-甲酸乙酯时，如果没有析出结晶，可用玻璃棒伸入烧瓶溶液中，摩擦烧瓶内壁；若仍无结晶析出，则可加入20～30mL水，加热沸腾后再冷却结晶。

七、思考题

① 为什么要用冰过的50%乙醇洗涤香豆素-3-甲酸乙酯粗产品？

② 羧酸盐在酸化析出羧酸沉淀的操作中应如何避免酸的损失，提高酸的产量？
③ 本实验中如何将产物与脯氨酸分离？

4.7 糖衍生物

实验 40　五乙酰葡萄糖的制备

一、实验目的
① 学习和掌握 α-五乙酰葡萄糖的制备原理和方法。
② 进一步巩固重结晶的操作方法。

二、实验原理
α-五乙酰葡萄糖又称 α-葡萄糖五乙酸酯，简称 PAG，是一种很有发展前景的非离子型表面活性剂，可由 α-葡萄糖与乙酸酐在氯化锌催化下制得。该方法具有反应原料易得、产率高、立体选择性良好、后处理简便及易于提纯等优点。

反应式如下：

$$\text{葡萄糖} + (CH_3CO)_2O \xrightarrow[100℃]{ZnCl_2} \text{五乙酰葡萄糖} + CH_3COOH$$

三、仪器和药品
仪器：三口烧瓶，减压蒸馏装置，机械搅拌器，烧杯，抽滤装置等。
药品：无水葡萄糖，乙酸酐（新蒸），氯化锌，无水乙醇。
装置图：图 1-8 (h)、图 1-7 (c)。

四、实验步骤
合成：在 250mL 三口烧瓶中加入 3g（0.022mol）氯化锌、60mL（0.63mol）的新蒸乙酸酐，安装温度计、机械搅拌器和回流冷凝管。开始搅拌，加热至 60℃，待氯化锌全部溶解后停止加热。缓慢加入 10g（0.05mol）干燥的葡萄糖粉末，加完后，升温到 100℃，保温 240min 后，停止反应。

分离与纯化：在 3.2kPa 压力下减压蒸馏，除去生成的乙酸和未反应完全的乙酸酐。然后将反应混合物慢慢转移至装有 500mL 冰水的烧杯中，立即有大量白色沉淀生成，抽滤，用冷水洗涤即得粗产品。粗产品用 250mL 1∶1（体积比）的乙醇水溶液重结晶提纯，得到白色针状晶体，称重，计算产率。

纯 α-五乙酰葡萄糖的熔点为 112～113℃。

五、检验与测试
可通过测定熔点、薄层色谱和元素分析来检测 α-五乙酰葡萄糖。

六、注释
① 氯化锌要全部溶解后才可加葡萄糖。
② 加葡萄糖时速度要慢，否则反应会比较剧烈。

七、思考题

① 乙酸酐在使用前为什么要蒸馏？
② 除去生成的乙酸和未反应完全的乙酸酐时，为什么要减压蒸馏？

实验 41　羧甲基纤维素的制备

一、实验目的

① 掌握制备羧甲基纤维素的原理和方法。
② 加深对纤维素结构和性质的理解。

二、实验原理

羧甲基纤维素（简称 CMC）在工业上的用途十分广泛，可作为相应的乳化剂、增稠剂、胶黏剂、上浆剂及悬浮剂等，在食品工业、纺织印染工业、肥皂与合成洗涤剂工业、造纸工业、医药与化妆品工业、石油钻井工业、陶瓷工业等方面占有重要地位。羧甲基纤维素可由原料纤维在碱溶液中浸渍，先生成碱纤维，碱纤维再与一氯乙酸结合而制得。

反应式如下：

$$[C_6H_7O_2(OH)_2OH]_n + nNaOH \longrightarrow [C_6H_7O_2(OH)_2ONa]_n + nH_2O$$

$$[C_6H_7O_2(OH)_2ONa]_n + nClCH_2COOH \longrightarrow [C_6H_7O_2(OH)_2OCH_2COOH]_n + nNaCl$$

三、仪器和药品

仪器：三口烧瓶，滴液漏斗，电动搅拌器，热滤装置，蒸馏装置等。
药品：棉花，75％乙醇，95％乙醇，30％氢氧化钠溶液，26％氯乙酸溶液，乙酸。
装置图：图1-8（i）。

四、实验步骤

合成：在 250mL 三口烧瓶中放入 4g 棉花，装上滴液漏斗、机械搅拌器和回流冷凝管，加入 75％的乙醇 100mL。剧烈搅拌下，由滴液漏斗缓慢加入质量分数为 30％的氢氧化钠溶液 40mL，水浴温热回流（30～35℃）并搅拌 30min（乙醇可促进碱对纤维的渗透与扩散）。待反应体系冷却到室温后，通过滴液漏斗加入 12.5mL 26％氯乙酸的乙醇溶液，在 55℃的水浴中回流 45min，然后将温度升至 70℃，回流 90min。取少量试样，能溶于水，说明反应完全。

分离与纯化：用乙酸调节反应液的 pH 值至 7～8，趁热过滤，弃去滤液。将粗产品转入烧杯中，在 50℃水浴中加入 95％乙醇 100mL，调成浆状，过滤。用 15mL 95％的乙醇洗涤，重复 2 次，直至产物不含氯化钠。将产物在 80℃水浴中减压蒸馏回收乙醇，得到白色粉末状纯品，称重，计算产率。

五、检验与测试

可利用性质试验检验羧甲基纤维素，如将产品配制成水溶液，在检液中加入丙酮，充分振荡产生白色的絮状沉淀；在检液中加入硫酸铜溶液，振荡产生淡蓝色絮状沉淀。

六、注释

① 碱化过程温度不能超过 35℃，否则碱纤维会发黄。
② 调节反应液的 pH 时，酸不可过量。

七、思考题

① 用乙醇洗涤产品时，如何检验产物是否含有氯化钠？
② 回收乙醇时为什么要减压蒸馏？

4.8 高分子化合物

实验 42 脲醛树脂的制备

一、实验目的

① 学习脲醛树脂合成的原理和方法，从而加深对缩聚反应的理解。
② 巩固加热、回流等操作技术。

二、实验原理

脲醛树脂是甲醛和尿素在一定条件下经缩合反应而成。第一步是加成反应，生成各种羟甲基脲的混合物。

$$H_2NCONH_2 + HCHO \longrightarrow \underset{NH_2}{\underset{|}{HOCH_2NH-C(=O)}} \text{ 或 } \underset{NHCH_2OH}{\underset{|}{HOCH_2NH-C(=O)}}$$

第二步是缩合反应，可以在亚氨基与羟甲基间脱水缩合，也可以在羟甲基与羟甲基间脱水缩合。

$$\underset{NH_2}{\underset{|}{HOCH_2NH-C(=O)}} + \underset{NHCH_2OH}{\underset{|}{HOCH_2NH-C(=O)}} \xrightarrow{-H_2O} \underset{NH_2}{\underset{|}{HOCH_2N-CH_2-NH-C(=O)}}\underset{NHCH_2OH}{\underset{|}{C(=O)}}$$

$$\underset{NH_2}{\underset{|}{NHCH_2OH-C(=O)}} + \underset{NHCH_2OH}{\underset{|}{HOCH_2NH-C(=O)}} \xrightarrow{-H_2O} \underset{NH_2}{\underset{|}{NHCH_2OCH_2NH-C(=O)}}\underset{NHCH_2OH}{\underset{|}{C(=O)}} \xrightarrow{-CH_2O} \underset{NH_2}{\underset{|}{NH-CH_2-NH-C(=O)}}\underset{NHCH_2OH}{\underset{|}{C(=O)}}$$

此外，还有甲醛与亚氨基间的缩合可生成低分子量的线型和低交联度的脲醛树脂：

$$\begin{matrix} \sim\sim\sim NH-CH_2\sim\sim\sim \\ \sim\sim\sim NH-CH_2\sim\sim\sim \end{matrix} + HCHO \xrightarrow{-H_2O} \begin{matrix} \sim\sim\sim N-CH_2\sim\sim\sim \\ | \\ CH_2 \\ | \\ \sim\sim\sim N-CH_2\sim\sim\sim \end{matrix}$$

这样继续缩合，即可得到线型缩聚物。脲醛树脂的结构尚未完全确定，可认为其分子主链上有以下结构：

$$\sim\sim\sim NH-CH_2-\underset{\underset{CH_2OH}{\underset{|}{NH}}}{\underset{|}{N}}-\underset{O}{\overset{\parallel}{C}}-CH_2-\underset{\underset{}{\underset{|}{NH}}}{\underset{|}{N}}-\underset{O}{\overset{\parallel}{C}}-CH_2-\underset{\underset{CH_2OH}{\underset{|}{NH}}}{\underset{|}{N}}-\underset{O}{\overset{\parallel}{C}}-CH_2-NH\sim\sim\sim$$

由于脲醛树脂结构中含有易溶于水的羟甲基，故可作胶黏剂使用。

三、实验用品

仪器：三口烧瓶，机械搅拌器，冷凝管，温度计等。
药品：37%甲醛溶液，环六亚甲基四胺，浓氨水，尿素，氯化铵固化剂，1% NaOH

溶液。

装置图：图 1-8（h）。

四、实验步骤

合成：在 250mL 三口烧瓶上，分别装上温度计、机械搅拌器和回流冷凝管，并将三口烧瓶置于水浴中。检查装置后，于三口烧瓶内加入 35mL 甲醛溶液（约 37%）。开始搅拌，用环六亚甲基四胺（约 1.2g）或浓氨水（约 1.8mL）调至 pH=7.5～8，慢慢加入全部尿素（12g）的 95%（约 11.4g）。待尿素全部溶解后（稍热至 20～25℃），缓缓升温至 60℃，保温 15min，然后升温至 97～98℃，加入余下的尿素（约 0.6g），保温反应约 50min，在此期间，pH 值为 6～5.5。检查到反应终点后，降温至 50℃以下，取出 5mL 黏胶液留作黏结用，其余的产物用 1%氢氧化钠溶液调至 pH=7～8，出料密封于玻璃中。

黏结试验：于 5mL 的脲醛树脂中加入适量的氯化铵固化剂，充分搅匀后均匀涂在表面干净的两块平整的小木板条上，然后让其吻合，并在上面加压，过夜，便可黏结牢固。

五、检验与测试

脲醛树脂可用红外光谱检测新生成的官能团。

六、注释

① 混合物的 pH 值不要超过 8，否则甲醛会发生歧化反应。

② 尿素分两次加入比较好，这样可使甲醛有充分机会与尿素反应，以大大减少树脂中的游离甲醛。

③ 为了保持一定的温度，需要慢慢加入尿素。否则，一次加入尿素，由于溶解吸热可使温度降至 5～10℃，因此需要迅速加热使其重新达到 20～25℃，这样得到的树脂浆状物不仅混浊且黏度增高。

④ 反应中加入剩余的尿素后如发现黏度骤增，出现冻胶，应立即采取补救措施，如使反应液降温或加入适量的甲醛水溶液稀释树脂，从内部反应降温或加入适量的氢氧化钠水溶液，把 pH 值调到 7.0，酌情确定出料或继续加热反应。

⑤ 确定终点的方法有三：一是用玻璃棒蘸点树脂，最后两滴迟迟不落，末尾略带丝状，并缩回棒上，表示已经成胶；二是 1 份样品加 2 份水，出现混浊；三是取少量树脂放在两手指上不断搓动，在室温时，约 1min 内觉得有一定黏度，则表示已成胶。

七、思考题

① 在加完全部尿素后保温期间，如发现反应液呈果冻状，试分析原因。

② 什么是歧化反应？试写出甲醛发生歧化反应的方程式。

实验 43　乙酸乙烯酯乳液的制备

一、实验目的

① 了解乳液聚合的特点、体系组成及各组分的作用。

② 掌握乙酸乙烯酯乳液聚合的基本实验操作方法。

③ 根据实验现象对乳液聚合各过程的特点进行对比。

二、实验原理

乳液聚合是指将不溶或微溶于水的单体在强烈的机械搅拌及乳化剂的作用下与水形成乳状液，在水溶性引发剂的引发下进行的聚合反应。聚合反应发生在增溶胶束内，形成 M/P（单体/聚合物）乳胶粒，每一个 M/P 乳胶粒仅含一个自由基，因而聚合反应速率主要取决于 M/P 乳胶粒的数目，亦即取决于乳化剂的浓度。乳液聚合能在高聚合速率下获得高分子量的聚合产物，且聚合反应温度通常都较低，特别是使用氧化还原引发体系时，聚合反应可在室温下进行。乳液聚合即使在聚合反应后期，体系黏度通常仍很低，可用于合成黏性大的聚合物，如橡胶等。

乙酸乙烯酯胶乳广泛应用于建筑、纺织、涂料等领域，主要作为胶黏剂、涂料使用，既要具有较好的黏结性，而且要求黏度低，固含量高，乳液稳定。乙酸乙烯酯可进行本体聚合、溶液聚合、悬浮聚合和乳液聚合，作为涂料或胶黏剂多采用乳液聚合。乙酸乙烯酯的乳液聚合是以聚乙烯醇和 OP-10 为乳化剂，过硫酸钾为引发剂，进行自由基聚合，经过链的引发、增长、终止等基元反应，生成聚乙酸乙烯酯乳胶粒，最终得到乳白色的乳液。

三、实验用品

仪器：四口烧瓶，机械搅拌器，回流冷凝管，滴液漏斗，恒温水浴箱等。

药品：乙酸乙烯酯，聚乙烯醇（1799），OP-10，过硫酸钾（KPS），碳酸氢钠溶液（10%）。

装置图：图 1-8（h）。

四、实验步骤

在四口烧瓶上依次装好机械搅拌器、回流冷凝管、滴液漏斗和温度计，并固定在恒温水浴中。首先加入 4.00g 聚乙烯醇和 70mL 蒸馏水，开始搅拌，加热水浴，使温度升至 90℃，将聚乙烯醇完全溶解。冷却至 68～70℃，依次加入 1.5g OP-10 和 10g 乙酸乙烯酯，搅拌 20min。然后准确称取 0.30g 过硫酸钾，用 10mL 蒸馏水溶于 50mL 烧杯中，并将一半的溶液倒入四口烧瓶中。30min 后，用滴液漏斗加入 20g 乙酸乙烯酯（控制滴加速度在 0.5g/min 左右），约 40min 左右加完。将剩下的过硫酸钾水溶液倒入四口烧瓶中，再称取 10g 乙酸乙烯酯置于滴液漏斗中进行滴加（滴加速度控制在 0.5g/min 左右），滴加时注意控制反应温度不变。单体滴加完后，保持温度继续反应到无回流时，逐步将反应温度升至 90～95℃，继续反应至无回流时撤去水浴。在反应过程中，要随时测定体系的 pH 值，保证 pH 值在 4～6。如果体系的 pH 值降低了，可以加入 10% 的碳酸氢钠溶液进行调节。

将反应混合物冷却至约 50℃，加入 10% 的 $NaHCO_3$ 水溶液调节体系的 pH 值为 7～8，经充分搅拌后，冷却至室温，出料，观察乳液外观。

五、检验与测试

可使用气相色谱法对聚乙酸乙烯酯进行检验与测试。

六、注意事项

① 制备聚乙烯醇溶液时，发现有块状物出现，一定要设法取出。

② 按要求严格控制单体滴加速度，如果开始阶段滴加快，乳液中出现块状物，会使实验失败。

③ 要严格控制反应各阶段的温度。

④ 反应结束后，料液自然冷却，测固含量时，最好出料后马上称样，以防止静置后乳液沉淀。

七、思考题

① 乳化剂主要有哪些类型？乳化剂浓度对聚合反应速率有何影响？

② 为什么要严格控制单体滴加速度和聚合反应温度？

4.9 金属有机化合物

实验44 正丁基锂的制备

一、实验目的

① 掌握催化剂正丁基锂的制备原理及合成方法。
② 熟悉催化剂的分析方法。

二、实验原理

有机锂化合物是重要的有机合成试剂,也是二烯烃聚合的催化剂。正丁基锂是在醚类、烃类等溶剂中,由氯(或溴)代丁烷与金属锂反应得到的。通常采用过量锂,反应后过滤出未反应的锂渣和氯化锂,不分离溶剂,直接使用。

$$CH_3CH_2CH_2CH_2Br + 2Li \xrightarrow{石油醚} CH_3CH_2CH_2CH_2Li + LiBr$$

烷基锂,例如 C_4H_9Li,其 C—Li 键是共价键,除甲基锂外,其余的烷基锂均溶于烃类物质。纯烷基锂的蒸气压很低,如丁基锂在室温下是液体,80℃时的蒸气压约为 1.33Pa (10^{-2}mmHg)。烷基锂在纯态或烃类中以缔合状态存在,缔合体和单聚体之间存在平衡:

$$(RLi)_n \xrightleftharpoons{K_1} nRLi \quad (K_1 为缔合平衡常数)$$

多数情况下,烷基锂形成六聚体或四聚体,也可能以二聚体存在。正丁基锂在苯和环己烷中以六聚体存在,仲丁基锂和叔丁基锂则为四聚体。丁基锂的浓度很低时(约为 10^{-4}mol/L)几乎不缔合。正丁基锂在极性溶剂(如 THF)中缔合现象完全消失,反应活性增加。聚苯乙烯基锂在苯及环己烷中都是二聚体,而在醚类溶剂中却以单分子存在。加入路易斯碱能破坏烷基锂的缔合,升高温度也可以降低缔合程度,所以有机锂的缔合度依赖于其本身 R 基团的结构、溶剂及浓度等因素。

三、实验用品

仪器:三口烧瓶,液封搅拌套管,恒压滴液漏斗,低温温度计,回流冷凝管,丁字管,高纯氮清扫反应装置,羊角瓶等。

药品:高纯氮,1-溴丁烷,金属锂,甲基叔丁基醚,苄氯,干冰,无水乙醚,丙酮。

装置图:图1-8(c)。

四、实验步骤

合成:用高纯氮清扫反应装置,安装低温温度计,并在冷凝管上口接一丁字管,在反应过程中使氮缓缓流过丁字管,防止空气侵入,以保证反应装置无氧。向 250mL 三口烧瓶中加入 50mL 甲基叔丁基醚和 2.6g 锂丝。用干冰-丙酮混合物将反应瓶冷至 -10℃,在搅拌下将 50mL 甲基叔丁基醚和 16.2mL 1-溴丁烷的混合物在 30min 内滴入反应烧瓶中。当反应液浑浊,金属锂丝上出现闪亮的斑点时反应即开始,然后去掉冷浴。室温下继续搅拌 180min。

分离与纯化:将反应混合物通过一根装有玻璃纤维的玻璃管滤入一个羊角瓶中,并将羊角瓶熔封保存。正丁基锂收率为 90% 左右,实验所需时间 4~6h。

五、检验与检测

正丁基锂的检测分析采用双滴定法,即取两份同量的正丁基锂溶液,一份用水水解,用标准盐酸溶液滴定,测得总碱量;另一份先和氯苄反应,然后用水水解,再用标准盐酸溶液滴定。从两份滴定值之差求得其浓度。分析步骤如下：取两个150mL 三口烧瓶，各加入 20mL 蒸馏水，然后用 1mL 注射器各抽取 1mL 正丁基锂溶液注射到三口烧瓶内，摇动，加入 2~3 滴酚酞指示剂，用标准盐酸滴定，得 V_1。另取两个 150mL 绝对干燥的三口烧瓶，通氮除氧，装置见图4-1。用 10mL 注射器各加入 10mL 苄氯-无水乙醚（1∶10，体积比）溶液，在通氮下，各注入 1mL 正丁基锂溶液，剧烈摇动均匀，用红外灯加热 15min，然后加入 20mL 蒸馏水水解，摇匀，加入 2~3 滴酚酞指示剂，用标准盐酸溶液滴定得 V_2（注意水层比醚层早褪色，在接近终点时用力摇动，避免超过终点）。

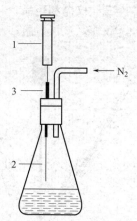

图 4-1　正丁基锂分析装置示意图
1—注射器；2—长针头；3—短玻璃管

由两次滴定值的平均值计算正丁基锂浓度，计算公式如下：

$$c = \frac{(V_1 - V_2) c_{HCl}}{V}$$

式中，V_1 为第一次滴定消耗的标准盐酸溶液体积，mL；V_2 为第二次滴定消耗的标准盐酸溶液体积，mL；c_{HCl} 为标准盐酸溶液浓度，mol/L；c 为正丁基锂的浓度，mol/L；V 为正丁基锂的取样量，mL。

六、注释

① 反应装置的所有仪器必须是干燥的，高纯氮的纯度为 99.9999%。
② 甲基叔丁基醚经无水硫酸镁干燥，蒸馏。
③ 用甲基叔丁基醚擦去市售锂带上的石蜡，砸成薄薄锂片，在氮气流下剪成锂丝加入反应液中。
④ 1-溴丁烷的处理方法与甲基叔丁基醚相同。

七、思考题

① 所用仪器为什么必须洁净并绝对干燥？
② 在正丁基锂检测分析中要用到氯苄-乙醚溶液，买来的无水乙醚能不能直接使用？

实验 45　二茂铁的制备

一、实验目的

① 熟悉二茂铁制备的原理及方法。
② 巩固氮气保护、加热回流、减压蒸馏、重结晶等操作。

二、实验原理

二茂铁是亚铁与环戊二烯形成的配合物，化学性质稳定，具有比较典型的芳香性质，能进行一系列的取代反应，如磺化、烷基化、酰基化等。但一般条件下不能硝化，因为硝酸能将二茂铁氧化成三价铁的盐。二茂铁及其衍生物可用作紫外吸收剂、火箭燃料的添加剂。
反应式如下：

$$2FeCl_3 + Fe \longrightarrow 3FeCl_2$$

$$FeCl_2 + 2\,\text{C}_5\text{H}_6 + 2(C_2H_5)_2NH \longrightarrow Fe(C_5H_5)_2 + 2(C_2H_5)_2NH \cdot HCl$$

三、仪器和药品

仪器：三口烧瓶，回流冷凝管，机械搅拌器，温度计，减压蒸馏装置，氮气进气导管，滴液漏斗，锥形瓶等。

药品：环戊二烯，二乙胺，无水三氯化铁，铁粉，石油醚，环己烷，乙醇，活性炭，氮气，四氢呋喃。

装置图：图 4-2、图 1-7（c）、图 1-8（i）。

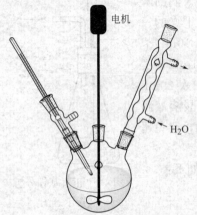

图 4-2　实验装置图

四、实验步骤

合成：在 250mL 三口烧瓶上安装好回流冷凝管、机械搅拌器、温度计及氮气进气导管。先加入 120mL 处理过的四氢呋喃，并通入氮气，开动搅拌。分批加入 27.10g 无水三氯化铁（此时反应温度升高），可观察到反应液渐渐变成棕色。加完后一次加入 4.70g 还原铁粉，水浴加热回流。反应自始至终需在氮气保护下进行，大约回流 4~5h，得到带有灰色沉淀物的棕色液体，此时反应即可结束。将上述回流装置改成减压蒸馏装置，蒸去四氢呋喃（可稍用水浴加热），直至蒸不出液体为止。反应瓶内的剩余物呈枣红色粉末状，即为二氯化铁。

反应瓶用自来水冷却，改成回流装置，并继续通入氮气，用滴液漏斗缓慢加入事先混合好的 100mL 二乙胺和 42mL 环戊二烯的混合物。由于反应放热，故须用水浴控制反应温度约在 20℃，搅拌 6~8h。

分离与纯化：停止反应后，蒸去二乙胺，固体物质从三口烧瓶移入锥形瓶，用 30~60℃的石油醚浸提固体物，滤渣反复提取 3~4 次，合并石油醚提取液，浓缩至蒸不出石油醚为止。余下液体放入冰箱，可结晶，析出二茂铁粗品，用适量环己烷或乙醇重结晶，用活性炭脱色至产品呈橘黄色针状结晶为止，称重，计算产率。

纯二茂铁熔点为 173~174℃。

五、检验与测试

二茂铁可通过红外光谱和核磁共振氢谱进行检验。

六、注释

① 二乙胺需用氢氧化钾干燥后再重新蒸馏。
② 环戊二烯为无色液体，能溶于醚、醇、苯、四氢呋喃和其他有机溶剂，如常温下保存，会渐渐变成二聚物而变黄，使用前要蒸馏，收集 39~43℃的馏分。

七、思考题

① 为什么二茂铁具有芳香性？试用休克尔规则进行解释。
② 反应中氮气的作用是什么？

实验 46　二环戊基二甲氧基硅烷的制备

一、实验目的

① 掌握硅烷化试剂二环戊基二甲氧基硅烷的合成原理及合成方法。
② 学会用红外光谱法表征其结构。

二、实验原理

烷基甲氧基硅烷是第四代 Ziegler-Natta 催化体系重要的外给电子体，主要用于聚丙烯（PP）的合成中，不仅可提高催化剂的活性和立体选择性，还可改善 PP 的综合性能。在有机合成中，烷基甲氧基硅烷也是重要的硅烷化试剂。

合成二环戊基二甲氧基硅烷的反应式如下：

$$\text{Cp-Cl} + \text{Mg} \xrightarrow{I_2/\text{甲基叔丁基醚(MTBE)}} \text{Cp-MgCl} \quad (1)$$

$$\text{Cp-MgCl} + \text{Si(OCH}_3)_4 \xrightarrow{\text{MTBE}} \text{Cp-Si(OCH}_3)_3 + \text{CH}_3\text{OMgCl} \quad (2)$$

$$\text{Cp-Si(OCH}_3)_3 + \text{Cp-MgCl} \xrightarrow{\text{MTBE}} (\text{Cp})_2\text{Si(OCH}_3)_2 + \text{CH}_3\text{OMgCl} \quad (3)$$

$$\text{Cp-MgCl} + \text{CH}_3\text{OH} \longrightarrow \text{Cp-H} + \text{CH}_3\text{OMgCl} \quad (4)$$

其中，式（2）、式（3）为主反应，式（4）为 Grignard 试剂终止反应。

三、仪器和药品

仪器：机械搅拌器，三口烧瓶，石蜡油液封管，恒压滴液漏斗，温度计，回流冷凝管，丁字管等。

药品：高纯氮气，四甲氧基硅烷，镁屑，氯代环戊烷，甲基叔丁基醚（MTBE），碘，甲醇。

装置图：图 1-8（i）、图 1-7（c）。

四、实验步骤

合成：在 100mL 三口烧瓶上安装回流滴加搅拌反应装置，在回流冷凝管上口接一丁字管，丁字管另一端接高纯氮气，第三端接石蜡油液封管。用氮气置换出反应装置中的空气，然后在三口烧瓶中加入 2.4g 镁屑、5mL 甲基叔丁基醚、几粒碘和约 1mL 氯代环戊烷。搅拌下加热，使烧瓶内液体微微沸腾，然后将 6.1mL 四甲氧基硅烷、9.5mL 氯代环戊烷及 15mL 甲基叔丁基醚的混合物在 60~80min 内滴入回流的反应物中。反应液为灰色，继续搅拌回流反应 5h。加入约 0.6mL 甲醇，再搅拌 5min 左右，冷却，过滤。

分离与纯化：用甲基叔丁基醚打浆洗涤两次，每次 40mL，过滤，合并滤液，常压蒸馏回收甲基叔丁基醚后，得粗产物约 8.5g。减压蒸馏，收集 114~116℃（665Pa）（5mmHg）的馏分，称重，计算产率。实验所需时间约 8h。

五、检验与测试

可通过红外光谱表征二环戊基二甲氧基硅烷的结构。

六、注释

① 反应中最好使用机械搅拌。
② 所用液体试剂四甲氧基硅烷、氯代环戊烷、甲基叔丁基醚等最好先干燥处理。

七、思考题

① 为什么在氮气保护下制备二环戊基二甲氧基硅烷？
② 碘在这个反应中起什么作用？
③ 什么叫打浆洗涤？

4.10 催化合成

实验 47　相转移法合成乙酸苄酯

一、实验目的

① 了解相转移催化在有机合成中的应用。
② 熟悉搅拌、减压蒸馏等操作。

二、实验原理

卤代烃能发生亲核取代反应生成醚、酯等化合物。本实验以乙酸钠和苄氯为反应物，以四丁基溴化铵（$Bu_4N^+Br^-$）为相转移催化剂，催化合成乙酸苄酯。反应式如下：

$$CH_3COONa + \text{⟨⟩}\text{—}CH_2Cl \xrightarrow{Bu_4N^+Br^-} CH_3COOCH_2\text{—}\text{⟨⟩} + NaCl$$

三、仪器和药品

仪器：三口烧瓶，球形冷凝管，分液漏斗，锥形瓶，圆底烧瓶，温度计，滴液漏斗，机械搅拌器，减压蒸馏装置等。

药品：氯化苄，乙酸钠三水合物，四丁基溴化铵，5%碳酸钠溶液，无水硫酸镁。

装置图：图 1-8 （h）、图 1-7 （c）。

四、实验步骤

合成：在 100mL 三口烧瓶中加入 6.3g（10.05mol）氯化苄、10.2g（0.075mol）乙酸钠三水合物和 0.25g 四丁基溴化铵。安装好温度计、机械搅拌器和回流冷凝管。开始搅拌，保持匀速，缓慢升温至 115℃并恒定 60min 后，加入 10～20mL 水，继续加热数分钟，使固体完全溶解后，冷却，转入分液漏斗，静置，分出有机层。

分离与纯化：有机层先用 5mL 5%碳酸钠溶液洗涤，再用 10mL 水分 2 次洗涤，然后再用少量无水硫酸镁干燥，静置 30min 后进行减压蒸馏。收集 89～90℃（1.20kPa）（9mmHg）的馏分，称重，计算产率。

五、检验与测试

可以通过测定乙酸苄酯的折射率及红外光谱对其进行检验。

六、注释

① 本实验是在相转移催化剂四丁基溴化铵（$Bu_4N^+Br^-$）存在下发生相转移催化反应制取乙酸苄酯的。这是在互不相溶的两相间，利用相转移催化剂，反应物从一相转移到另一相中，随即与该相中的另一个物质发生反应，合成目标化合物。

② 乙酸苄酯是无色至微淡黄色透明液体，是有似梨香味的一种香料。熔点为 -51℃，沸点为 213℃，$d_4^{20}=1.04$，$n_D^{20}=1.5232$，能与醇及醚混溶，不溶于水。

③ 氯化苄接触铁器并加热会迅速分解，也可用苄醇代替氯化苄。

④ 本实验也可用其他相转移催化剂，如溴化十六烷基三甲胺 $[C_{16}H_{33}N^+(CH_3)_3Br^-]$ 等。

⑤ 本实验最好在通风橱中进行，至少在投料时应在通风橱中进行。在实验中，若有氯化苄气味逸出时，应在回流冷凝管上连接橡胶管，将尾气引入下水道随水排出，或引入通风橱排出。

⑥ 反应后得到的固体应当是吸附有目标产物酯的盐块，加水后溶解，将所吸附的酯层

分出,漂浮在上层有机层中,加水时,应当通过滴液漏斗缓缓滴入,避免产生大量泡沫。

七、思考题

① 为什么使用相转移催化剂可以提高乙酸苄酯的产率?
② 用碳酸钠溶液和水分别洗去什么杂质?

实验 48　微波辐射法合成 β-萘甲醚

一、实验目的

① 学习微波合成反应的原理及操作技术。
② 了解 β-萘甲醚的制备方法,学会其结构表征。
③ 巩固固液分离技术和重结晶等操作。

二、实验原理

β-萘甲醚又名橙花醚,是一种白色鳞片状结晶,有橙花味,主要用于香皂中作香料,也是合成炔诺孕酮和米非司酮等药物的中间体。工业上用 β-萘酚与过量甲醇在硫酸催化下反应制备 β-萘甲醚,其收率约为 70%;也可由 β-萘酚与硫酸二甲酯在氢氧化钠水浴下加热制 β-萘甲醚,其收率为 73%;而在微波辐射下,以对甲苯磺酸作催化剂,催化 β-萘酚与甲醇合成 β-萘甲醚,其收率可达 93%。

反应式如下:

$$\text{C}_{10}\text{H}_7\text{OH} + \text{CH}_3\text{OH} \xrightarrow[\text{微波}]{\text{H}_3\text{C}-\text{C}_6\text{H}_4-\text{SO}_3\text{H}} \text{C}_{10}\text{H}_7\text{OCH}_3 + \text{H}_2\text{O}$$

三、仪器和药品

仪器:微波反应器,电子天平,圆底烧瓶,回流装置,抽滤装置,蒸馏装置,红外光谱仪等。

药品:β-萘酚,无水甲醇,乙醇,对甲苯磺酸,无水乙醚,10%氢氧化钠溶液,无水 $CaCl_2$。

装置图:图 4-3。

四、实验步骤

合成:将 3.6g(0.025mol)β-萘酚与 3mL(0.124mol)无水甲醇放入圆底烧瓶中,加入催化剂对甲苯磺酸 1.5g(0.00789mol)后充分搅拌使之混合均匀,放入微波炉内,接好回流装置,用 P-30 功率微波辐射 24min。待反应结束后,拆去回流装置,取出圆底烧瓶,冷却后析出粉红色晶体。

分离与纯化:往圆底烧瓶中加入少量水,用约 25mL 无水乙醚分两次萃取,醚层用 10%氢氧化钠溶液和水洗涤后,用无水 $CaCl_2$ 干燥,水浴蒸去乙醚,再冷却析出浅黄色晶体,洗涤液中溶解的 β-萘酚经酸化后析出,经过滤后可供下次使用。将粗品用乙醇重结晶、抽滤、干燥、称重,计算产率。

五、检验与测试

可通过测熔点和红外光谱来检测 β-萘甲醚。

六、注释

① β-萘甲醚熔点为 73.1~74.1℃。

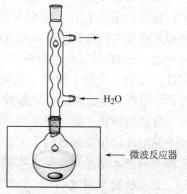

图 4-3　实验装置图

② β-萘甲醚中主要基团的红外特征吸收峰为（KBr 压片）：1260.79cm^{-1}（=C—O—C 非对称伸缩振动吸收峰）、1030.17cm^{-1}（=C—O—C 对称伸缩振动吸收峰，说明有醚基）、1594.71cm^{-1}、1508.01cm^{-1}、1469.22cm^{-1}、1439.10cm^{-1}（四个强吸收峰说明是萘环，环上有碳碳双键）、2961.98cm^{-1}、2936.36cm^{-1}（—OCH$_3$ 的 C—H 伸缩振动吸收峰）、1469.22cm^{-1}（C—H 面内弯曲振动，说明有—CH$_3$）。

七、思考题

① 微波辐射为什么能快速完成化学反应（查资料回答）？

② 查阅相关有机化学实验资料，对比用传统加热与用微波辐射加热，两者间最大差别是什么？

实验49　电化学法合成碘仿

一、实验目的

① 了解和熟悉电化学方法在有机合成中的应用。

② 掌握电化学方法合成碘仿的基本原理。

③ 了解掌握电流效率等概念及电化学合成的基本操作。

二、实验原理

电化学法制备碘仿是在碘化钾水溶液中，碘离子在阳极被氧化成碘，生成的碘在碱性介质中变成次碘酸根离子，再与溶液中的丙酮作用成碘仿。

反应式如下：

阴极：
$$2H_2O + 2e^- \longrightarrow 2OH^- + H_2$$

阳极：
$$2I^- - 2e^- \longrightarrow I_2$$

$$I_2 + 2OH^- \longrightarrow IO^- + I^- + H_2O$$

$$CH_3COCH_3 + 3IO^- \longrightarrow CH_3COO^- + CHI_3 + 2OH^-$$

副反应：
$$3IO^- \longrightarrow IO_3^- + 2I^-$$

三、仪器和药品

仪器：100mL 烧杯，石墨电极，直流稳压电源，电流计，电键，减压抽滤装置，磁力搅拌器，红外分光光度计，布氏漏斗，熔点仪等。

药品：碘化钾、丙酮、乙醇。

四、实验步骤

合成：用一个 150mL 烧杯做电解槽，用四根石墨棒做电极，将两根并联作为阳极，另两根并联作为阴极。阴极和阳极可以交替地排布在烧杯中。选用一个合适的直流电源。在烧杯中装 100mL 蒸馏水，加 6g 碘化钾，搅拌使固体溶解，再加 1mL 丙酮，混合均匀。将烧杯放在磁力搅拌器上搅拌（也可以用人工搅拌）。接通电源，将电流调整到 1A，并注意调整，尽量保持电流恒定。电解约 30min，即可切断电流，停止搅拌。

分离与纯化：将电解液用布氏漏斗抽滤，滤液倒入另一烧杯中保存。用水将电极和烧杯壁上黏附的碘仿冲刷到漏斗上，最后再用水将碘仿洗一次，干燥后得粗产物。粗制的碘仿以乙醇为溶剂重结晶得纯品，称重，并计算电流效率。

五、检验与测试

可通过测定熔点和红外光谱对碘仿进行检测。

六、注释

① 将旧的1号电池的石墨棒拆出来作电极,其直径为6mm,浸入溶液的长度约40mm。用一块带四个孔的有机玻璃盖在烧杯上,将石墨插入孔中(不要碰到杯底,以便用磁力搅拌)。也可以简单地将石墨棒用透明胶带固定在烧杯壁上,这样便于人工搅拌。

② 用石墨电极时,得到的粗制碘仿颜色呈灰绿色,如果改用铂或镀二氧化铅的石墨为阳极,得到的碘仿为亮黄色。

③ 用一个电流不小于1A的可以调整电压的0~12V整流电源。通过的电量为$1\times30\times60=1800$(C),这在理论上能生成$1800/(6\times96500)=0.0031$(mol)碘仿。

④ 抽滤后的滤液中还剩下大部分碘化钾和丙酮,可用来再做此实验。

⑤ 纯品碘仿为亮黄色晶体,熔点为119℃,能升华。

七、思考题

① 计算实验中有多少(以百分数表示)碘化钾和丙酮转化为碘仿。

② 在电解过程中,溶液的pH值逐渐增大(可用pH试纸检验),试对此作出解释。

实验50 辅酶维生素B_1催化合成安息香

一、实验目的

① 学习辅酶催化法合成安息香的方法及操作技术。

② 了解、掌握酶催化反应的特点。

③ 进一步熟练掌握加热回流、减压过滤、重结晶等操作及技能。

二、实验原理

安息香(二苯羟乙酮,benzoin)可用于配制止咳药和感冒药,也可制成局部用药。等级较好的安息香常用于生产香皂、香波、护肤霜、浴油、气溶胶、爽身粉、液体皂、空气清新剂、织物柔顺剂、洗衣粉和洗涤剂等日用化学品。安息香配剂用作吸入剂,可减轻黏膜炎、喉炎、支气管炎等上呼吸道病症。安息香还是一种主要的食用香精。

安息香可采用芳香醛在NaCN(或KCN)作用下,分子间发生缩合(称为安息香缩合)而制得。但因为NaCN(或KCN)为剧毒药品,使用不方便,应用受到很大限制。

绝大多数生化过程都是在特殊条件下进行的,酶的参与可以使反应更巧妙、更有效且在更温和的条件下进行。维生素B_1(又称硫胺素或噻胺)是一种辅酶,作为生物化学反应的催化剂,在生命过程中起着重要作用,主要是对α-酮酸脱羧和形成偶姻(α-羟基酮)。维生素B_1的结构如下:

$$\left[\begin{array}{c}\text{结构式}\end{array}\right] Cl^- \cdot HCl$$

从化学角度看,硫胺素分子中最主要的部分是噻唑环。噻唑环C_2上的质子由于受氮原子和硫原子的影响,具有明显的酸性,在碱的作用下质子容易被除去,产生的碳负离子作为催化反应中心,形成苯偶姻。

安息香的辅酶合成法就是以维生素B_1为催化剂来合成安息香,其反应式为:

$$2\ \text{PhCHO} \xrightarrow{\text{维生素}B_1} \text{Ph-CH(OH)-CO-Ph}$$

采用辅酶维生素 B_1 催化安息香缩合反应，反应条件温和、无毒且产率高。

三、仪器和药品

仪器：圆底烧瓶，锥形瓶，烧杯，球形冷凝管，热过滤漏斗，玻璃漏斗等。

药品：苯甲醛，维生素 B_1，95%乙醇，NaOH，活性炭，冰块等。

装置图：图 1-8（a）。

四、实验步骤

氢氧化钠溶液的配制：室温下称取 15.0g 氢氧化钠，放入锥形瓶，然后加水至 100mL 刻度线，搅拌，摇匀待用。

合成：在 100mL 圆底烧瓶中加入 1.8g 维生素 B_1、6mL 水、15mL 95%乙醇和 15mL 苯甲醛。将上面配制的氢氧化钠溶液慢慢滴加到混合溶液中，并充分摇匀混合液，将 pH 值调到 8，且 3min 内不褪色。然后向烧瓶中加入 2～3 粒沸石，安装好加热回流装置，水浴加热回流 75min，水浴温度保持在 60～75℃（不可加热至沸腾），反应混合物呈橘黄（红）色均相溶液。

分离与纯化：将烧瓶置于空气中冷却，然后将溶液倒入锥形瓶中，将锥形瓶放入冰水浴中冷却，使结晶完全析出。抽滤，并用冷水洗涤结晶两次，得粗产品。将粗产品加入到计算量的 95%乙醇中，然后放入圆底烧瓶中，加入沸石，进行加热回流，待其全部溶解后，停止加热，冷却片刻，加入活性炭，再加热沸腾 5min 左右。在此同时，加热热过滤装置，使水沸腾，开始热过滤。热过滤完成后，将滤液放入冰水浴中冷却结晶，继而抽滤，晶体用冷水洗涤两次，抽干，干燥得纯品，称重，计算产率。

重复上述实验，将反应混合液的 pH 值分别调至 9、10、11，分别做三次实验。对比三次实验结果，选取自己认为产品纯度最高的一组，测定熔点和 IR 图。

五、检验与测试

可通过测定熔点和红外光谱图对安息香进行检测。

六、注释

① 维生素 B_1 在酸性条件下稳定，易吸收水，在水溶液中易被空气氧化。滴加氢氧化钠溶液时，要先将氢氧化钠溶液冷却，防止维生素 B_1 开环失效。

② 反应过程中，溶液不能沸腾，反应后期可适当升温，缓慢加热，因温度太高维生素 B_1 会分解。

③ 安息香在沸腾的 95%乙醇中的溶解度为 12～14g/100mL。

④ 热过滤一定要迅速，防止冷却。

⑤ 本次实验采用的是辅酶催化法合成安息香，所以酶的活性直接影响反应的产量。酶的活性受溶液 pH 的影响，溶液过酸或者过碱，都很大程度上影响酶的活性，从而影响了催化效果。

七、思考题

① 总结并解释实验结果。

② 查阅相关资料，解释什么是辅酶，试解释本实验的反应机理。

实验 51　固体超强酸催化合成乙酸丁酯

一、实验目的

① 了解固体酸催化剂的制备方法及其在有机合成中的应用。

② 了解非均相催化、绿色合成等概念。
③ 增强环保意识，培养环保理念。

二、实验原理

氧化锆分别经过硫酸、钼酸铵溶液浸泡，可将酸性物质吸附在氧化锆表面，通过高温灼烧，使水分、氨等挥发，残留的氧化硫、氧化钼通过氧桥键合于氧化锆表面，得到具有较高活性的固体酸催化剂。在合成乙酸丁酯的实验中，以此固体酸代替硫酸作催化剂，反应结束后，固体酸可过滤回收，产物乙酸丁酯可通过蒸馏分离。回收的固体酸可反复使用，无废弃物。

反应式如下：

$$CH_3COOH + HOCH_2CH_2CH_2CH_3 \xrightarrow{\text{固体酸}} CH_3COOCH_2CH_2CH_2CH_3$$

三、仪器和药品

仪器：圆底烧瓶，分水器，球形冷凝管，蒸馏头，烧杯，减压抽滤装置，磁力搅拌器，温度计，烘箱，马弗炉，天平等。

药品：氧化锆，冰醋酸，正丁醇，1mol/L 硫酸溶液，钼酸铵。

装置图：图 1-8（g）、图 1-7（a）。

四、实验步骤

固体酸催化剂的制备：称取 5g $ZrO_2·nH_2O$，加入 75mL 1mol/L 硫酸溶液中浸泡 24h。抽滤，滤液可用于配制硫酸溶液，滤饼用 10mL 0.5mol/L 钼酸铵溶液浸泡 24h。抽滤，滤液可用于配制钼酸铵溶液，滤饼在烘箱中（设置温度为110℃）烘 2h，再置于马弗炉中于 600℃ 灼烧 3h。等马弗炉自然冷却后取出，研碎备用。

合成：在 100mL 圆底烧瓶中加入 1g 上述催化剂、25mL 正丁醇、14.3mL 冰醋酸和磁子，安装好温度计、分水器和球形冷凝管。加热回流。观察回流液体情况及分水器中水面上升情况。待基本没有水滴下时（约需 3～4h），停止加热。

分离与纯化：待体系稍冷却，拆除分水器，过滤回收固体酸催化剂。滤液进行蒸馏，收集 124～126℃ 的馏分即得乙酸丁酯，称重，计算产率。低沸点馏分、残液及回收的固体酸催化剂可循环使用。

五、检验与测试

可使用气相色谱对乙酸丁酯进行检测。

六、注释

① 分水器预先装满水，然后放出相当于生成水体积的水。
② 本实验利用恒沸混合物除去酯化反应生成的水（见表 4-2）。

表 4-2 恒沸混合物及其沸点

	恒沸混合物	共沸点/℃	组成/%		
			乙酸丁酯	正丁醇	水
二元	乙酸丁酯-水	90.7	72.9		27.1
	正丁醇-水	93.0		55.5	44.5
	乙酸丁酯-正丁醇	117.6	32.8	67.2	
三元	乙酸丁酯-正丁醇-水	90.7	63.0	34.6	29.0

七、思考题

① 本实验为什么可以使用分水器？乙酸乙酯制备实验中能否使用分水器？
② 根据乙酸乙酯制备实验，设计用硫酸催化制备乙酸丁酯实验。

4.11 天然产物提取

实验 52 茶叶中提取咖啡因

一、实验目的

① 了解从天然产物中分离提纯化合物的方法。
② 学习从茶叶中提取咖啡因的基本原理和方法，了解咖啡因的一般性质。
③ 掌握用升华法提纯有机物的操作技术，进一步熟悉萃取、蒸馏等基本操作。

二、实验原理

咖啡因又名咖啡碱，是一种生物碱，存在于茶叶、咖啡、可可等植物中。茶叶中含有多种生物碱，其中主要成分为咖啡碱（caffeine，约占 1%～5%），少量的可可豆碱（0.05%）和茶碱（极少），此外还含有丹宁酸、色素、纤维素和蛋白质等物质。

咖啡因的结构式如下：

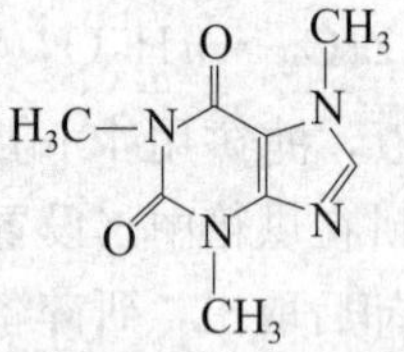

咖啡因是弱碱性化合物，可溶于氯仿、丙醇、乙醇和热水，难溶于乙醚和苯（冷）。纯品熔点为 235～236℃，含结晶水的咖啡因为无色针状晶体，在 100℃时失去结晶水，并开始升华，120℃时显著升华，178℃时迅速升华，利用这一性质可纯化咖啡因。

咖啡因是一种温和的兴奋剂，味苦，具有刺激心脏、兴奋中枢神经和利尿等作用，主要用作中枢神经兴奋药，它也是复方阿司匹林（APC）等药物的组分之一。

提取咖啡因的方法有碱液提取法和索氏提取器提取法。本实验以乙醇为溶剂，用索氏提取器从茶叶中提取，再经浓缩、中和、炒干、升华，得到含结晶水的咖啡因。

三、仪器和药品

仪器：索氏提取器，回流装置，蒸馏装置，锥形瓶，普通漏斗，蒸发皿，温度计，表面皿，圆底烧瓶，电热套，玻璃漏斗，玻璃棒等。

药品：茶叶，95%乙醇，生石灰，方滤纸，圆滤纸。

装置图：图 1-10 (a)。

四、实验步骤

抽提：称取 6g 干茶叶，装入滤纸筒内，置于索氏提取器中。在圆底烧瓶中加入 2 粒沸石，然后将其安装在铁架台上。将索氏提取器与圆底烧瓶连接，从提取器上口加入 95%乙醇至虹吸管顶端发生虹吸，再多加 15mL 乙醇。装上回流冷凝管，接通冷凝水，加热回流，连续提取约 60～120min，待冷凝液刚刚虹吸下去时，立即停止加热。

浓缩：将仪器改装成蒸馏装置，加热蒸馏，回收大部分乙醇，至烧瓶内残留液约 8～10mL 为止。

升华法提取咖啡因：将残留液倾入蒸发皿中，烧瓶用少量乙醇洗涤，洗涤液也倒入蒸发皿中，加入 2g 生石灰粉，搅拌均匀，置于石棉网上，用电热套（或酒精灯）小心加热炒干（温度不得高于 100℃，除去全部水分），冷却待用。

将一张刺有许多小孔的圆形滤纸盖在蒸发皿上，粗糙的一面朝上。取一只大小合适的玻璃漏斗罩于其上，漏斗颈部塞一团棉花。

将蒸发皿移到 220℃ 左右的砂浴上升华，或将蒸发皿置于石棉网上，用电热套小心加热，慢慢升高温度，使咖啡因升华。咖啡因通过滤纸孔遇到漏斗内壁凝为固体，附着于漏斗内壁和滤纸上。当纸上出现白色针状晶体时，暂停加热，冷至 100℃ 左右，揭开漏斗和滤纸，仔细用小刀把附着于滤纸及漏斗壁上的咖啡因刮入表面皿中。将蒸发皿内的残渣加以搅拌，重新放好滤纸和漏斗，用较高的温度再加热升华一次。此时，温度也不宜太高，否则蒸发皿内大量冒烟，产品既受污染又遭损失。合并两次升华所收集的咖啡因，称重。

五、检验与测试
可通过测定熔点和红外光谱对咖啡因进行检测。

六、注释
① 滤纸筒的大小要适当，既要紧靠提取筒器壁，又能取放方便，其高度不得超过提取筒侧管上口；防止滤纸筒中茶叶末漏出堵塞虹吸管。

② 停止蒸馏后，要立即移开热源，否则，蒸馏瓶中液体会很快蒸干。

③ 生石灰起中和作用，以除去丹宁等酸性物质。

④ 升华提取时如水分未能除净，将会在下一步加热升华开始时在漏斗内出现水珠。若遇此情况，则用滤纸迅速擦干漏斗内的水珠并继续升华。

⑤ 升华操作是实验成败的关键。升华前，蒸发皿的边缘要擦净，以防污染产物；升华过程要注意控制温度，温度太高会使被烘物冒烟炭化，把一些有色物带出来，导致产品不纯和损失。

七、思考题
① 索氏提取器有什么优点？
② 通过查阅资料说明咖啡因的定性检验方法还有哪些?

实验 53 烟叶中烟碱的提取和性质

一、实验目的
① 学习水蒸气蒸馏法分离提纯有机物的基本原理和操作技术。
② 掌握从烟叶中提取烟碱的原理和方法，了解生物碱的提取方法和一般性质。

二、实验原理
烟碱又名尼古丁（nicotine），系统命名法的名称为 N-甲基-2-(3-吡啶基) 四氢吡咯，是由两个杂环构成的生物碱。纯烟碱是一种无色油状液体，沸点为 246℃，有苦辣味，易溶于水和乙醇。烟碱的毒性很大，少量烟碱对中枢神经有兴奋作用，大量烟碱能抑制中枢神经系统，使呼吸停止和心脏麻痹，以致死亡，农业上烟碱可用作杀虫剂。

其结构式为：

烟碱呈碱性，常与有机酸结合在一起，很容易与无机强酸反应生成烟碱无机酸盐（弱碱强酸盐）而溶于水，然后在提取液中加入强碱 NaOH 后可使烟碱游离出来。游离的烟碱在 100℃左右具有一定的蒸气压（约 1333Pa），可用水蒸气蒸馏法分离提取。

反应式为：

$$\text{烟碱有机酸盐} \xrightarrow{H^+} \underset{\underset{CH_3}{|}}{\overset{+}{N}}\text{-吡咯烷基-吡啶} \xrightarrow{OH^-} \text{烟碱}$$

因烟碱具有碱性，可以使红色石蕊试纸变蓝，也可以使酚酞试剂变红。烟碱可被 $KMnO_4$ 溶液氧化生成烟酸，与生物碱试剂（如苦味酸等）作用产生沉淀。

三、实验和药品

仪器：水蒸气发生器，圆底烧瓶，直形冷凝管，温度计，T 形管，锥形瓶，烧杯，尾接管，止水夹等。

药品：烟叶，pH 试纸，浓硫酸，40％氢氧化钠溶液，酚酞，0.5％高锰酸钾溶液，饱和苦味酸，鞣酸，乙酸，碘化汞钾试纸，碘，碘化钾。

装置图：图 1-7（g）。

四、实验步骤

浸提烟叶中的烟碱：向烧杯中加入 50mL 水，加 1.5mL 浓 H_2SO_4 稀释，再加 2g 左右烟叶，煮沸 10min，冷却，慢慢滴加 40％ NaOH 溶液至呈明显碱性（用 pH 试纸检验，pH≥12）。

水蒸气蒸馏提取烟碱：将烟碱提取液转入圆底烧瓶，安装水蒸气蒸馏装置，然后加热蒸馏，当有大量水蒸气产生时关闭止水夹，收集馏出液约 10mL，留作性质实验用。结束水蒸气蒸馏时应先打开止水夹，再停止加热。

烟碱的性质实验：取 6 支试管，每支试管中加入约 1mL 烟碱水溶液，分别做下列性质实验。

① 加 1 滴酚酞，观察现象；
② 加 1～2 滴 0.5％ $KMnO_4$ 溶液，再加入 1 滴浓硫酸，观察现象；
③ 沿试管壁加入 5 滴饱和苦味酸，看有无沉淀生成；
④ 加入 2 滴 I_2-KI，观察现象；
⑤ 加入 3 滴 0.5％乙酸溶液，再加入 5 滴碘化汞钾试剂，看有无沉淀生成；
⑥ 加入 2～3 滴鞣酸，观察现象。

五、检验与测试

可通过红外光谱对烟碱进行检测。

六、注释

① 水蒸气蒸馏提取烟碱时，中和混合物至明显碱性是实验成败的关键，否则，烟碱不能被蒸出。

② 蒸馏时，要随时注意安全管中的水柱是否发生急剧上升现象，以及烧瓶中的液体是否发生倒吸现象。一旦发生这种现象，应立刻打开止水夹，移去热源，找出原因，排除故障后，方可继续蒸馏。

③ 停止加热前一定要先将止水夹打开，再移去热源，以防倒吸。

七、思考题

① 与普通蒸馏相比,水蒸气蒸馏有何特点?
② 水蒸气蒸馏提取烟碱时,为何要用 40% NaOH 溶液中和混合物至明显碱性?
③ 水蒸气蒸馏用于分离和纯化有机物时,被提纯物质应该具备什么条件?
④ 安全玻管的作用是什么?

实验 54　黄连中黄连素的提取

一、实验目的

① 学习从中草药中提取生物碱的原理和方法。
② 进一步熟悉索氏提取器的使用,巩固蒸馏、减压过滤及重结晶等操作技术。

二、实验原理

黄连素也称小檗碱(berberine),属于生物碱,是黄连等中草药的主要有效成分。黄连中黄连素的含量约为 4%～10%。黄柏、白屈菜、伏牛花、三颗针等中草药中也含有黄连素,其中以黄连和黄柏中含量最高。

黄连素有抗菌、消炎、止泻的功效,对急性菌痢、急性肠炎、百日咳、猩红热等各种急性化脓性感染和各种急性外眼炎症都有较好疗效。

黄连素是黄色的针状结晶,微溶于水和乙醇,较易溶于热水和热乙醇,几乎不溶于乙醚,熔点为 145℃。黄连素的盐酸盐、氢碘酸盐、硫酸盐、硝酸盐均难溶于冷水,易溶于热水,故可用水对其进行重结晶,从而达到纯化目的。

黄连素多以较稳定的季铵碱存在,其结构式为:

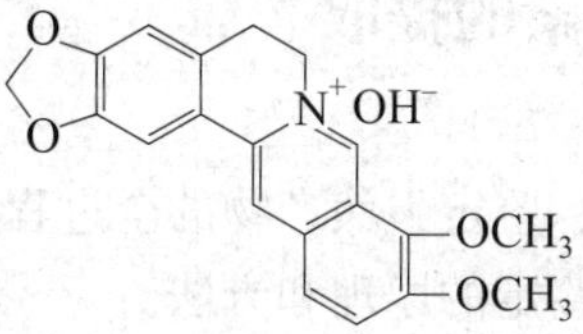

从黄连中提取黄连素,往往采用适当的溶剂(如乙醇、水、硫酸等),在索氏提取器中连续抽提,然后浓缩,再加酸进行酸化,得到相应的盐。粗产品可以采取重结晶等方法进一步提纯。

黄连素可被硝酸等氧化剂氧化,转变为樱红色的氧化黄连素。黄连素在强碱中部分转化为醛式黄连素,在此条件下,再加几滴丙酮,即可发生缩合反应,生成丙酮与醛式黄连素缩合产物(黄色沉淀)。

三、仪器和药品

仪器:烧杯,锥形瓶,温度计,电炉,抽滤装置,量筒,索氏提取器,回流装置,脱脂棉,普通蒸馏装置,电子天平等。

药品:黄连粉,95%乙醇,浓盐酸,1%乙酸,丙酮,石灰乳。

装置图:图 1-10(a)、图 1-7(a)。

四、实验步骤

提取:在圆底烧瓶中加入 2 粒沸石,然后将其安装在铁架台上。称取 10g 已磨细的黄连粉末,装入滤纸筒内,轻轻压实,滤纸筒上口可塞一团脱脂棉,滤纸筒置于抽提筒中,将提取筒插入圆底烧瓶瓶口内,从提取器上口加入 95% 的乙醇至虹吸管顶端发生虹吸,再多加 15mL(共约 60～80mL)乙醇。装上回流冷凝管,接通冷凝水,加热回流,连续提取约

60~90min，待冷凝液刚刚虹吸下去时，立即停止加热，冷却。

浓缩：将仪器改装成普通蒸馏装置，蒸馏回收大部分乙醇。直到残留物呈棕红色糖浆状。

合成黄连素盐酸盐：向残留物中加入1%乙酸30mL，加热溶解，趁热过滤，以除去不溶物，再向溶液中滴加浓盐酸，至溶液浑浊为止（约需10mL），冰水浴冷却即有黄色针状黄连素盐酸盐析出。抽滤，结晶用冰水洗涤两次，再用丙酮洗涤一次，即得黄连素盐酸盐粗品。

分离和纯化：在黄连素盐酸盐粗品中加入少量热水，再加入石灰乳，调节pH值至8.5~9.5，煮沸，使粗产品刚好完全溶解。趁热过滤，滤液自然冷却，即有黄色针状黄连素晶体析出，待晶体完全析出后，抽滤，结晶用冰水洗涤两次，干燥，称重。

五、检验与测试
可通过测定熔点和红外光谱对黄连素进行检测。

六、注释
① 滤纸筒的大小要适当，既要紧靠提取筒器壁，又能取放自如，其高度不得超过虹吸管上端，且要防止滤纸筒中黄连粉末漏出堵塞虹吸管。

② 滴加浓盐酸前，不溶物要去除干净，否则影响产品的纯度。

七、思考题
① 制备黄连素盐酸盐加入乙酸的作用是什么？
② 为什么用石灰乳调节pH值？可以用其他碱吗？

实验55 青蒿叶中青蒿素的提取

一、实验目的
① 了解从植物中提取、纯化、鉴定天然产物的全过程。
② 学习青蒿素提取、纯化、鉴定的原理和方法。
③ 巩固减压蒸馏、结晶、柱色谱、薄层色谱、熔点测定等基本实验操作技术。

二、实验原理
青蒿素是从菊科植物黄花蒿（Artemisia annua Linn.）中分离得到的抗疟有效成分，对疟原虫无性体具有迅速的杀灭作用，主要是使疟原虫的膜系结构发生改变。该药首先作用于食物胞膜、表膜、线粒体和内质网，此外对核内染色质也有一定的影响。青蒿素的分子式为$C_{15}H_{22}O_5$，属倍半萜内酯的过氧化合物，其结构式如下：

青蒿素主要分布于黄花蒿的叶中。各地黄花蒿叶中青蒿素含量差异很大，本法收率在0.3%以上。

青蒿素不溶于水，易溶于多种有机溶剂，在石油醚（或溶剂汽油）中有一定溶解度，且其他成分溶出较少，经浓缩放置即可析出青蒿素粗品，从而可将大部分杂质除去。青蒿素的纯化可用稀醇重结晶法或柱色谱法。

三、仪器和药品

仪器：梨形分液漏斗，圆底烧瓶，直形冷凝管，减压水泵，恒温水浴，色谱柱，脱脂棉，玻璃棒，蒸馏装置，玻璃漏斗，烧杯，锥形瓶等。

药品：120#溶剂汽油，乙酸乙酯，80～100目色谱硅胶，青蒿叶。

装置图：图1-7（c）。

四、实验步骤

青蒿素的浸出：称取青蒿叶粗粉40g，装入底部填充脱脂棉的250mL梨形分液漏斗中，加入120#溶剂汽油120mL，浸泡24h。为了使浸出完全，浸泡过程中可用玻璃棒搅动1～2次。放出溶剂汽油浸泡液于250mL锥形瓶中，加塞密封。继续加溶剂汽油80mL浸泡24h，放出溶剂浸泡液，将2次浸泡液混合。

青蒿素粗晶的析出：将溶剂汽油浸泡液装入250mL圆底烧瓶中，于水浴上加热，水泵减压蒸馏回收溶剂汽油，至约残留3mL左右，趁热倒入锥形瓶中，用吸管吸取约1mL溶剂汽油洗涤蒸馏瓶1～2次，洗液并入锥形瓶中，加塞，放置24h，使青蒿素粗晶析出。

青蒿素的纯化：溶剂汽油的浓缩液经放置24h后，青蒿素粗晶基本析出完全，用滴管小心地将母液吸去，再用约1mL溶剂汽油将青蒿素粗晶洗涤1～2次，母液与洗液收集于收集瓶中。留取少量（米粒大）供纯度对比检查用，其余部分供柱色谱用。

① 色谱柱的准备：取一支洁净、干燥的玻璃色谱柱，从上口装入一小团脱脂棉，用玻璃棒推至管底铺平。将色谱柱垂直地固定在铁架上，管口放一玻璃漏斗，称取5g 80～100目色谱硅胶，用漏斗将其均匀地装入色谱柱内，用木块轻轻敲打铁架，使硅胶填充均匀、紧密。

② 配洗脱剂：准确配制$V_{乙酸乙酯}:V_{溶剂汽油}=15:85$（体积比）混合液作为洗脱剂。

③ 样品上柱：在小烧杯中将青蒿素粗品用1mL乙酸乙酯溶解，分次吸附在1g 80～100目硅胶上，再用0.5mL乙酸乙酯洗涤烧杯，洗涤液也吸附在硅胶上，拌匀，待乙酸乙酯完全挥发后，将吸附了样品的硅胶加到色谱柱上。

④ 洗脱：用滴管吸取洗脱剂，分次加到色谱柱上进行洗脱，用10mL锥形瓶分段收集，每份收集约5mL，直至青蒿素全部洗下（每份样品约需洗脱剂40mL）。

⑤ 回收溶剂、结晶：每份收集液用微型减压蒸馏装置回收溶剂至约1mL，将含青蒿素的组分合并、浓缩至约3mL，放置24h，使结晶析出，抽滤、烘干，即得青蒿素纯品。

五、检验与测试

可采用熔点测定、薄层色谱和红外光谱、质谱等手段对青蒿素进行检测。

六、注释

① 黄花蒿为中药青蒿的主要品种，青蒿素的含量会随着存放时间的延长而下降，因此现买现用较好。

② 本实验所用溶剂均是易燃易爆品，因此在实验过程中，严禁明火，同时保持室内有良好通风条件，实验时间安排在气温较低的冬春季较好。

七、思考题

① 概要写出青蒿素提取、纯化的流程图。

② 提取、纯化青蒿素实验中特别要注意什么？

实验56　柑橘皮中果胶的提取

一、实验目的
① 学习从柑橘皮中提取果胶的方法。
② 了解果胶质的相关知识。

二、实验原理
果胶是由半乳糖组成的一种天然复合多糖大分子化合物，为蛋黄色粉末状，是一种亲水性植物胶，广泛存在于高等植物的根、茎、叶和果的细胞壁中，具有良好的胶凝化和乳化稳定作用。果胶在食品工业中主要用作增稠剂或凝胶剂，在医药工业中用作肠机能调节剂、止血剂、抗毒剂，还可以代替琼脂用于化妆品生产等。

果胶是一种高分子聚合物，分子量介于5万~30万之间，果胶又分为果胶液、果胶粉和低甲氧基果胶三种，其中以果胶粉的应用最为普遍。随着功能性多糖的开发研究，果胶作为水溶性膳食纤维，其应用会越来越广泛。

果胶主要分布于植物细胞壁之间的中胶层，尤其以果蔬中含量较多。不同的果蔬含果胶的量不同，山楂中含量约为6.6%，柑橘中含量约为0.7%~1.5%，南瓜中含量较大，约为7%~17%。在果蔬中，尤其是在未成熟的水果和果皮中，果胶多数以原果胶存在，原果胶不溶于水，用酸水解，生成可溶性果胶，然后在果胶液中加入乙醇（果胶不溶于乙醇，在提取液中加入乙醇至体积分数为50%时，可使果胶沉淀下来而与其他杂质分离。）或多价金属盐类，使果胶沉淀析出，经漂洗、干燥、精制而得到最终产品。从柑橘皮中提取的果胶是高酯化度的果胶，在食品工业中常用来制作果酱、果冻等食品。

果胶是一种具有优良的胶凝化和乳化作用的天然产物，无异味，能溶于20倍水中而成黏稠状液体，在酸性条件下稳定，而在碱性条件下分解。

本实验采用酸提法提取果胶，具有快速、简便、易于控制、提取率较高等特点，但因柑橘皮中钙、镁等离子含量比较高，这些离子对果胶有封闭作用，影响果胶转化为水溶性果胶，同时也因柑橘皮中杂质含量高，而影响胶凝度，从而导致提取率较低，果胶质量也较差，故可按照浸提酸液质量加入质量分数为0.3%~0.4%的六偏磷酸钠来解决。

三、仪器和药品
仪器：恒温水浴锅，减压抽滤装置，烧杯，表面皿，电子天平等。
药品：95%乙醇，无水乙醇，0.2mol/L盐酸溶液，6mol/L氨水，活性炭，0.3%六偏磷酸钠溶液。
其他：新鲜柑橘皮，尼龙布（100目），精密pH试纸。
装置图：图2-7。

四、实验步骤
样品前处理：称取新鲜柑橘皮20g（干品为8g），用清水洗净后，放入250mL烧杯中，加120mL水，加热至90℃保温5~10min，使酶失活。用水冲洗后切成边长为3~5mm大小的块状，用50℃左右的热水漂洗，直至水为无色，果皮无异味为止。每次漂洗后都要把果皮用尼龙布包好后挤干，再换水进行下一次漂洗。

酸提法提取果胶：将处理过的果皮粒放入烧杯中，加入0.2mol/L的盐酸以浸没果皮为度，搅拌均匀，按浸提液质量加入质量分数为0.3%的六偏磷酸钠，以除去柑橘皮中钙、镁离子，保证果胶的质量和提取率。用0.2mol/L盐酸调节溶液的pH值为2.0~

2.5。加热至 90℃，在恒温水浴中保温 40min，保温期间要不断地搅动，然后趁热抽滤，收集滤液。

脱色：在滤液中加入质量分数为 0.5%～1% 的活性炭，加热至 80℃，脱色 20min，趁热抽滤（如橘皮漂洗干净，滤液清澈，则可不脱色）。

分离与纯化：滤液冷却后，用 6mol/L 氨水调 pH 至值 3～4，在不断搅拌下缓缓地加入 95% 乙醇，加入乙醇的量为原滤液体积的 1.5 倍（使其中乙醇的质量分数达 50%～60%）。乙醇加入过程中即可看到絮状果胶物质析出，静置 20min 后，用尼龙布过滤，得湿果胶。将湿果胶转移到 100mL 烧杯中，加入 30mL 无水乙醇洗涤，再用尼龙布过滤、挤压。将果胶放入表面皿中摊开，在 60～70℃ 烘干。将烘干的果胶磨碎过筛，制得干果胶。称重，计算收率。

五、注释
① 脱色中如抽滤困难可加入 2%～4% 的硅藻土作助滤剂。
② 用醇沉淀果胶时必须快速冷却滤液，这样可减少果胶脱脂而使其受破坏，又可减少沉淀剂的用量。应尽量缩短加酸提取到乙醇沉淀之间的时间，因为酸对果胶分子的酯键具有破坏作用，随着作用时间的延长，其破坏性增大，结果会使果胶分子量逐渐变小，导致果胶的胶凝度下降，质量变差。
③ 滤液可用分馏法回收乙醇。

六、思考题
① 从柑橘皮中提取果胶时，为什么要加热使酶失活？
② 沉淀果胶除用乙醇外，还可用什么试剂？

实验 57　西红柿中番茄红素和 β-胡萝卜素的提取

一、实验目的
① 熟悉从天然植物中分离色素的原理和方法。
② 掌握柱色谱的相关操作技术。

二、实验原理
食品的色泽是构成食品感官质量的重要因素之一，保持和赋予食品良好色泽的方法就是添加色素。色素分人工合成色素和天然色素两大类，一般人工合成色素都有一定的毒性，因此人们倾向使用天然色素。天然色素从来源上可分为植物色素、动物色素和微生物色素，其中植物色素是常用的色素。

番茄红素和 β-胡萝卜素主要存在于绿色、红色、深绿色的蔬菜和黄色、橘色的水果中，如胡萝卜、菠菜、生菜、马铃薯、番茄、西兰花、哈密瓜和冬瓜。胡萝卜素分子式为 $C_{40}H_{56}$，是具有长链结构的共轭多烯，它有三种异构体，即 α-胡萝卜素、β-胡萝卜素和 γ-胡萝卜素，其中 β-异构体含量最多。番茄红素的结构与胡萝卜素的结构相似，称类胡萝卜素。β-胡萝卜素和番茄红素的结构式如下：

β-胡萝卜素

番茄红素

由于 β-胡萝卜素在体内可断裂形成两分子的维生素 A，因此是一种廉价的维生素 A 摄入源。通常，把能在体内转变为维生素的物质称为维生素源。胡萝卜素能够治疗因维生素 A 缺乏所引起的各种疾病；此外，胡萝卜素还能够有效清除体内的自由基，预防和修复细胞损伤，抑制 DNA 的氧化，预防癌症的发生。因此，β-胡萝卜素既是天然色素，又是营养强化剂。维生素 A 的结构式如下：

维生素 A

胡萝卜素属于脂溶性物质。本实验采用二氯甲烷作为萃取剂，由于二氯甲烷与水不能混溶，因此先用乙醇除去番茄中的水，提取的粗产物用柱色谱分离。

三、仪器和药品

仪器：圆底烧瓶，球形冷凝管，分液漏斗，接收瓶，蒸馏装置，回流装置，色谱柱（10cm×1.0cm）等。

试剂：95%乙醇，二氯甲烷，苯，氧化铝，环己烷，石油醚（沸点为 60～90℃），氯仿，氯化钠，无水硫酸钠等。

其他：滤纸、西红柿。

装置图：图 1-8（a）、图 1-7（a）。

四、实验步骤

样品的准备与处理：将 10g 新鲜西红柿捣碎，加入到 50mL 圆底烧瓶中，再加入 15mL 95%乙醇，摇匀，装上回流冷凝管，加热回流 10min，趁热倒出上层溶液后，再加入 10mL 二氯甲烷，回流 5min，冷却，将上层溶液倒出后，再加入 10mL 二氯甲烷重新萃取一次。合并乙醇和二氯甲烷萃取液，过滤，将滤液转入分液漏斗中，加入 10mL 饱和氯化钠溶液，振摇，静置分层。将分出的二氯甲烷溶液用 2g 无水硫酸钠干燥 5min 后，转入 50mL 干燥圆底烧瓶中，蒸馏除去二氯甲烷，备用。

色谱柱的装填：将 10g 氧化铝与 10mL 苯搅拌成糊状，将其慢慢加入预先加了一定苯的色谱柱中，同时打开活塞，让溶剂以 1 滴/s 的流速流入接收瓶中，或用洗耳球轻轻敲打色谱柱，以稳定的速度装柱，使色谱柱装填均匀。装好的色谱柱不能有裂缝和气泡。色谱柱上端放 0.5cm 厚的石英砂或一小滤纸，并不断用溶剂石油醚洗脱，以使色谱柱流实。然后放掉过剩的溶剂，直到溶剂面刚好到达石英砂或滤纸的顶部，关闭活塞。

洗脱：将粗胡萝卜素溶解在尽量少的苯中，用滴管加入柱顶，打开活塞，让溶剂滴下，待溶剂面刚好到达石英砂或滤纸的顶部时，再用滴管加入几毫升苯，然后用 30mL $V_{环己烷}$：$V_{石油醚}$=1∶1（体积比）混合液洗脱，黄色的 β-胡萝卜素在柱子中流动较快，红色的番茄红素移动较慢。收集洗脱液至黄色的 β-胡萝卜素在柱子中完全除尽。然后换接收瓶，用氯仿作洗脱剂，洗脱番茄红素。将收集到的两种洗脱液分别蒸馏至干，观察所得产物性状。

五、检验与测试

可通过红外光谱、液相色谱对 β-胡萝卜素和番茄红素进行检测。

六、注释

① 色谱柱填装紧密与否，对分离效果有明显影响，若柱中留有气泡或各部分松紧不匀（或有断层或暗沟）时，会影响渗滤速度和显色的均匀。但如果填装时过分敲击，又会因装填太紧密而使洗脱液流速太慢。

② 加入石英砂或小滤纸的目的是在加料时不会把吸附剂冲起，影响分离效果。

③ β-胡萝卜素对光及氧非常敏感，对酸、碱也敏感，重金属离子特别是铁离子也可使其颜色消失。

④ 番茄红素的耐光、耐氧化性很差，所以实验时要特别注意。

七、思考题

① 最适宜提取胡萝卜素的试剂有哪些？

② 试解释 β-胡萝卜素和番茄红素在色谱柱中流动快慢的原因。

4.12 设计性实验

实验58 苯丁醚的制备

一、实验要求

① 查阅文献资料，了解苯丁醚制备的原理和方法。

② 完成实验设计报告（包括文献简述、方法选择、仪器药品、实验装置、实验详细步骤和产品检测等内容）。

③ 独立完成实验。

④ 撰写实验报告。

二、实验提示及注意事项

① 以苯酚为原料进行制备，基准量为 0.05mol。

② 苯酚熔点为 43℃，可水浴加热使其熔化后用量筒量取。

③ 苯酚有较强腐蚀性，使用时注意安全。

实验59 二苯甲醇的制备

一、实验要求

① 查阅文献资料，了解二苯甲醇制备的原理和方法。

② 完成实验设计报告（包括文献简述、方法选择、仪器药品、实验装置、实验详细步骤和产品检测等内容）。

③ 独立完成实验。

④ 撰写实验报告。

二、实验提示及注意事项

① 以二苯甲酮为原料进行制备，基准量为 0.05mol。

② 采用薄层色谱控制反应进程。

实验60 对氯苯乙酮的制备

一、实验要求

① 查阅文献资料，了解对氯苯乙酮制备的原理和方法。

② 完成实验设计报告（包括文献简述、方法选择、仪器药品、实验装置、实验详细步骤和产品检测等内容）。
③ 独立完成实验。
④ 撰写实验报告。

二、实验提示及注意事项
① 以氯苯为原料进行制备，基准量为 0.05mol。
② 可用减压蒸馏收集馏分或低温重结晶纯化产品。

实验61　3-苯基-1-(4-甲苯基)-2-丙烯-1-酮的制备

一、实验要求
① 查阅文献资料，了解 3-苯基-1-(4-甲苯基)-2-丙烯-1-酮制备的原理和方法。
② 完成实验设计报告（包括文献简述、方法选择、仪器药品、实验装置、实验详细步骤和产品检测等内容）。
③ 独立完成实验。
④ 撰写实验报告。

二、实验提示及注意事项
以苯甲醛和自制的对甲基苯乙酮为原料进行制备，基准量为 0.05mol。

实验62　乙酰二茂铁的制备

一、实验要求
① 查阅文献资料，了解乙酰二茂铁制备的原理和方法。
② 完成实验设计报告（包括文献简述、方法选择、仪器药品、实验装置、实验详细步骤和产品检测等内容）。
③ 独立完成实验。
④ 撰写实验报告。

二、实验提示及注意事项
① 以二茂铁为原料进行制备，基准量为 0.05mol。
② 采用薄层色谱控制反应进程。

实验63　对溴乙酰苯胺的制备

一、实验要求
① 查阅文献资料，了解对溴乙酰苯胺制备的原理和方法。
② 完成实验设计报告（包括文献简述、方法选择、仪器药品、实验装置、实验详细步骤和产品检测等内容）。
③ 独立完成实验。
④ 撰写实验报告。

二、实验提示及注意事项
① 以乙酰苯胺为原料进行制备，基准量为 0.05mol。
② 溴化剂可采用 $NaBr$-H_2O_2 体系。

附录

附录1 常见试剂的纯化和处理

一、乙醇

乙醇的沸点为 78.5℃，$d_4^{20}=0.789$，$n_D^{20}=1.3616$。

乙醇与水形成含醇量为 95.5% 的恒沸物，因此不能用直接蒸馏法制取无水乙醇。通常通过以下方法制取不同含量的无水乙醇。

1. 99.5% C_2H_5OH 的制备

在 1000mL 圆底烧瓶中加入 600mL 95% C_2H_5OH 和 100g 新煅烧的生石灰，用橡胶塞塞住瓶口，放置过夜后，装上回流冷凝管（冷凝管上端连接无水 $CaCl_2$ 干燥管），加热回流 120～150min。再将其改为蒸馏装置进行蒸馏，弃去少量前馏分，收集得到纯度达 99.5% C_2H_5OH。

2. 99.95% C_2H_5OH 的制备

① 金属镁法：在 1000mL 圆底烧瓶中加入 2～3g 干燥纯净的镁条和 0.3g I_2，加入 30mL 99.5% C_2H_5OH，装上上端带无水 $CaCl_2$ 干燥管的回流冷凝管。加热至微沸，至 I_2 粒完全消失。待镁条完全消失后，再加入 500mL 99.5% C_2H_5OH，回流 60min。改为蒸馏装置进行蒸馏，弃去少量前馏分，收集得到纯度达 99.95% C_2H_5OH，用橡胶塞塞好瓶口备用。

② 金属钠/邻苯二甲酸二乙酯法：在 1000mL 圆底烧瓶中加入 500mL 99.5% C_2H_5OH 和 3.5g Na，装上回流冷凝管和干燥管，加热回流 30min 后，再加入 14g 邻苯二甲酸二乙酯，继续回流 120min，继而蒸馏得到纯度达 99.95% C_2H_5OH。

由于无水乙醇具有较强的吸湿性，实验中所用仪器必须完全干燥，且操作应尽量迅速，以防止乙醇吸收空气中的水分。

二、乙醚

乙醚的沸点为 34.5℃，$d_4^{20}=0.713$，$n_D^{20}=1.3526$。

乙醚中常含有一定量的水和乙醇，而且乙醚在放置一段时间后，在空气和光的作用下，会产生一定量的过氧化物。

1. 过氧化物的检验和去除

取 1mL 乙醚，加入 1mL 2% KI 和 1～2 滴淀粉，再加入数滴稀盐酸，振荡。若溶液变蓝，则证明有过氧化物存在。

在 100mL 水中加入 6mL 浓硫酸和 60g $FeSO_4 \cdot 7H_2O$，配制成溶液。在分液漏斗中加入 100mL 乙醚和 10mL 新配制的硫酸亚铁溶液，剧烈摇动后分液，可去除乙醚中的过氧化物。

2. 醇和水的检验和去除

乙醚中加入少许无水硫酸铜，放置后，若有蓝色呈现，则证明有水存在；乙醚中加入少许 $KMnO_4$ 和一粒 NaOH 固体，放置后若 NaOH 表面附有棕色，则证明有醇存在。

在干燥锥形瓶中加入 100mL 去除过氧化物的乙醚和 25g 无水 $CaCl_2$，用木塞塞紧瓶口，放置数小时（期间间断摇动）后，进行蒸馏，收集 33～37℃ 馏分。蒸出的乙醚转入干燥的磨口瓶中，加入金属钠丝干燥至不产生气泡，且钠丝表面保持光洁时，即可盖好备用；若钠丝表面变粗变黄，则需要再次蒸馏，然后再放入钠丝。

三、乙酸乙酯

乙酸乙酯的沸点为 77.1℃，$d_4^{20}=0.900$，$n_D^{20}=1.3723$。

乙酸乙酯中常含有少量水、乙醇和乙酸。

在 1000mL 乙酸乙酯中加入 100mL 乙酸酐和 10 滴浓硫酸，加热回流约 4h 后，进行蒸馏，收集馏出液。在馏出液中加入 20g 无水 K_2CO_3，振荡后再次蒸馏，纯度可达 99.7%。若纯度要求更高，可用 P_2O_5 或 4A 分子筛再次处理后蒸馏。

四、四氢呋喃

四氢呋喃的沸点为 67℃，$d_4^{20}=0.889$，$n_D^{20}=1.4050$。

四氢呋喃中常含有少量水和过氧化物。

在 1000mL THF 中加入 2～4g $LiAlH_4$ 或 Na，在 N_2 或 Ar 气保护下回流数小时，以去除水和过氧化物。然后进行蒸馏，收集 67℃ 的馏分（注意不要蒸干！），精制后的成品中加入钠丝，于惰性气体气氛下保存。

五、甲苯

甲苯的沸点为 110.6℃，$d_4^{20}=0.866$，$n_D^{20}=1.4969$。

甲苯与水形成恒沸物，在 84.1℃ 沸腾，甲苯含量为 81.4%。甲苯与空气混合物的爆炸极限为 1.27%～7%（体积分数）。

在甲苯中加入无水 $CaCl_2$ 干燥后，进行蒸馏，收集 110℃ 馏分，再加入金属钠，去除其中微量的水后进行蒸馏，得无水甲苯。

该干燥方法与苯的干燥类似。

六、N,N-二甲基甲酰胺

N,N-二甲基甲酰胺的沸点为 153.0℃，$d_4^{20}=0.948$，$n_D^{20}=1.4629$。

N,N-二甲基甲酰胺中常含有胺、氨、甲醛和水等杂质，能与多数有机溶剂和水互溶，也能溶解多种盐类化合物。常压蒸馏时，DMF 会部分分解，酸或碱的存在下，其分解加速。

常用 $CaSO_4$、$MgSO_4$、BaO、4A 分子筛和硅胶干燥 DMF 后，进行减压蒸馏，收集 76℃（48kPa）的馏分。

若 DMF 含水较多，可加入 1/10 体积的苯，在常压和 80℃ 下蒸馏，去除体系中的水和苯。用 $MgSO_4$ 或 BaO 干燥后，进行减压蒸馏；若还需得到含水量更低的 DMF，则需要加入 CaH_2 回流 2～4h 后，再次减压蒸馏，收集得到的 DMF 需避光保存。

七、乙酸酐

乙酸酐的沸点为 $139.6℃$，$d_4^{20}=1.082$，$n_D^{20}=1.3904$。

乙酸酐可被热水水解，常含有乙酸杂质。

可在乙酸酐中加入无水乙酸钠，回流数小时后进行蒸馏，得到较纯的乙酸酐。

附录2 有机溶剂的互溶性

项目	丙酮	丁醇	氯仿	环己烷	二氯甲烷	乙醇	乙酸乙酯	乙醚	己烷	甲醇	戊烷	异丙醇	甲苯	水
丙酮														
丁醇														×
氯仿														×
环己烷										×				×
二氯甲烷														×
乙醇														
乙酸乙酯														
乙醚														
己烷										×				×
甲醇				×					×		×			
戊烷										×				×
异丙醇														
甲苯														×
水		×	×	×	×		×	×	×		×		×	

注：×为不互溶，空白为互溶。

附录3 常见有机溶剂的回收和有机废液的处理

实验过程中大量使用有机溶剂，从环境保护和资源节约的角度而言，应采取适当措施积极进行回收利用。

通常情况下，应先将待回收的有机溶剂进行洗涤，继而进行蒸馏或精馏处理加以精制和纯化。由于溶剂废液的挥发性和毒性，整个回收过程应在通风橱中进行。

一、苯

将苯废液置于分液漏斗中，加入苯体积 1/7 的浓硫酸，剧烈振摇使噻吩磺化，弃去酸液。再加入新的浓硫酸，重复该操作数次，直至酸层为无色或淡黄色，且检验表明无噻吩存在为止。再依次用 10% Na_2CO_3 溶液、H_2O 洗涤至中性，用无水 $CaCl_2$ 干燥后进行蒸馏，收集 80℃馏分。加入金属钠丝脱去馏出液中微量的水分可得无水苯。

二、乙醚

采用等体积的水洗涤乙醚废液，用酸或碱调节 pH＝7，用 0.15% $KMnO_4$ 洗涤至紫色不褪,经水洗后再用0.15%～1%硫酸亚铁铵溶液洗涤,再次水洗2～3次,弃去水层,用无水 $CaCl_2$ 干燥后进行蒸馏,收集33～34℃馏分,保存于棕色磨口试剂瓶中待用。

三、石油醚

将石油醚废液置于蒸馏烧瓶中进行水浴恒温蒸馏,控温至(81±2)℃。馏出液流经内径为25mm、高750mm的玻璃色谱柱,柱中填充600mm高的硅胶(60～100目),硅胶上覆盖50mm厚的氧化铝(70～120目),以去除体系中的芳烃等杂质。流出液重复进行蒸馏。根据馏出液的透射率测定判断是否进行第二次分离纯化。

四、三氯甲烷

将三氯甲烷废液依次用等体积蒸馏水、1/10体积浓硫酸、等体积蒸馏水、0.15%盐酸羟胺溶液和等体积蒸馏水洗涤数次后,用无水 $CaCl_2$ 干燥适当时间,过滤、蒸馏,收集60～62℃馏分,保存于棕色磨口试剂瓶中待用。

若三氯甲烷中杂质较多,可先用蒸馏水洗涤进行一次预蒸馏,再按上述方法处理。对于蒸馏仍不能去除的有机杂质,用活性炭吸附纯化后,再次进行蒸馏。

五、四氯化碳

对于含双硫腙的四氯化碳废液,应先用硫酸洗涤1次,再水洗2次后,用无水 $CaCl_2$ 干燥,过滤,水浴(90～95℃)蒸馏,收集76～78℃馏分;对于含铜试剂的四氯化碳废液,只需用蒸馏水洗涤2次后,经无水 $CaCl_2$ 干燥,过滤,蒸馏;对于含碘的四氯化碳废液,应在废液中滴加 $TiCl_3$ 至溶液呈无色后,蒸馏水洗2次,无水 $CaCl_2$ 干燥,过滤,蒸馏。

六、含一般有机溶剂的废液

一般有机溶剂是指由C、H、O元素构成的醇类、酯类、酮、醚和有机酸等物质。

对于此类废液中的可燃性物质,用焚烧法处理;对于难以燃烧的物质,用溶剂萃取法、吸附法和氧化分解法处理;若废液中含重金属时,需保管好焚烧残渣。

七、含石油、动植物性油脂的废液

含石油、动植物性油脂的废液中含苯、己烷、甲苯、二甲苯、煤油、轻油、重油、润滑油、动植物油脂和固体脂肪酸等物质。

对其可燃性部分,用焚烧法处理;对于难以燃烧的物质,用溶剂萃取法和吸附法处理;若机油类废液中含重金属时,需保管好焚烧残渣。

八、含N、S和卤素类有机废液

含N、S和卤素类有机废液中含吡啶、喹啉、甲基吡啶、氨基酸、酰胺、二甲基甲酰胺、二硫化碳、硫醇、烷基硫、硫脲、噻吩、二甲亚砜、氯仿、四氯化碳、氯乙烯类、氯苯类以及各种染料和农药中间体等。

对其可燃性物质,用焚烧法处理,但必须采取有效措施去除燃烧产生的 SO_2、HCl、NO_2 等有害气体;对多氯联苯类物质,因难以燃烧而有一部分会被直接排出,应加以关注;对于难以燃烧的物质,用溶剂萃取法、吸附法和水解法处理。

九、含酚类、有机磷类废液

含酚类、有机磷废液中含苯酚、甲酚、萘酚、磷酸、亚磷酸、硫代磷酸、膦酸酯和磷系农药等物质。

对其高浓度的可燃性废液,用焚烧法处理;对于低浓度的废液,则用溶剂萃取法、吸附法和氧化分解法处理。

十、含天然和合成高分子化合物的废液

含天然和合成高分子化合物的废液中含蛋白质、木质素、纤维素、淀粉、橡胶等天然高分子化合物和聚乙烯、聚乙烯醇、聚苯乙烯、聚二醇等合成高分子化合物。

对其含可燃性物质的废液，用焚烧法处理；对含难以焚烧物质或含水的低浓度的废液，则经浓缩后焚烧；对含蛋白质、淀粉等易被微生物分解的物质的废液，其稀溶液可不经处理直接排放。

附录4 文献检索

十多年前，文献检索仅仅指的是寻找印刷版材料。现今，文献检索都是利用计算机终端在线检索数据库。现在最重要的文献检索机构是 STN（the Science & Technical Information Network），它有几十个数据库，CAS 是最大、最权威的化学物质数据库。下面简单介绍 CAS 数据库的在线检索工具。

一、SciFinder

SciFinder Scholar 是美国化学学会 ACS 旗下化学文摘服务社 CAS 出版的化学文摘 CA 的在线数据库学术版，它是全世界最大、最全面的化学和科学信息数据库，整合了 Medline 医学数据库、欧洲和美国等近 50 家专利机构的全文资料，涵盖的学科包括应用化学、化学工程、普通化学、物理学、生物学、生命科学、医学、材料学、地质学、食品科学和农学等。它有多种先进的检索方式，其强大的检索和服务功能，可以让化学工作者随时了解最新的科研动态，确认最佳的资源投入和研究方向。

1. 注册用户账号

用户无需安装客户端程序，直接通过网络浏览器访问 SciFinder（基于 IP 地址访问），提交注册信息后，通过点击 CAS 邮件中用于激活的 URL，完成注册。

2. 检索方式

（1）物质检索

登入 SciFinder 后，各种检索种类出现在左边的 Explore 选项卡下。在 SUBSTANCES 下选择物质检索方式，包括化学结构式（chemical structure）检索、专利通式结构（markush）检索、分子式（molecular formula）检索、理化属性（property）检索、化合物 CAS 号或全称（substance identifier）检索。通过物质检索，可以得到该物质的参考文献、反应、图谱、商品来源和管制信息等。

（2）反应检索

登入 SciFinder 后，在 REACTIONS 下选择 Reaction Structure 检索方式，使用结构编辑器或输入外部文件完成反应结构，通过 Reaction Roles 定义其在反应中所处的角色（product，reactant，reagent，reactant/reagent，any role 等），点击 Search 完成检索。检索结果可通过分类、分析、细化等操作进行简化而达到要求。

（3）文献检索

登入 SciFinder 后，在 REFERENCES 下选择研究主题（research topic）、作者（author name）、公司（company name）、文献标识符（document identifier）、期刊名（journal）、专利号（patent）和用户以前用自己的描述性词语标记过的文献（tags）等进行文献检索。

二、Reaxys

Reaxys 数据库是 Elsevier 公司推出的一款新颖实用的化合物检索和有机合成路线设计的工具，是 CrossFire Beilstein/Gmelin 的升级，也是 CAS SciFinder 强有力的竞争对手。Reaxys 数据库将原先的 Beilstein、Gmelin 和专利化学数据库的内容整合为统一的资源，内容包括 Beilstein Database（1771 年至今）、Patent Chemistry Database（1869～1980 年有机化学专利，1976 年至今 WO/US/EP 专利）、400 种核心化学期刊等。截至 2014 年初，该数据库已包含超过 3500 万个反应、2200 万种物质、2100 余万条文献，还集成了 eMolecules 和 PubChem 数据库内容。

Reaxys 数据库支持关键词和结构式的快速检索，并能将检索结果按照产率、催化剂等条件进行二次过滤，还能智能生成一条或多条合成路线。

注册 Reaxys 个人账号，可使用 Reaxys 提供的个性化功能，如"邮件提示"、"设置个性化平台"等。Reaxys 数据库主要提供以下检索功能。

(1) 反应查询

在反应查询界面中添加结构式或反应式，并通过设置附加检索条件来检索化学反应。

(2) 物质查询

在窗口中添加需要查询的结构式，或根据实际需要通过亚结构等选项的设定，扩大或缩小检索范围；与反应查询相比，增加了"Further Option"选项。

检索结果可通过化合物列表、化合物网格及引文三种方式浏览。

(3) 关键词/作者/其他查询

可以直接输入作者、期刊、专利号和发表年等查询项快速查询，不同查询项之间默认逻辑关系是 AND；"Full Text"超链接可在 ScienceDirect 等全文库中查找全文；"View Citing Articles"超链接可在 Scopus 中查找引文信息；引用次数栏显示了该文献在 Scopus 中的被引次数。

附录5 常用干燥剂在20℃时水蒸气压

常用干燥剂	水蒸气压/mmHg[①]
$CuSO_4$	1.3
$CaCl_2$	0.2
CaO	0.2
$NaOH$(经熔融)	0.15
硅胶	0.005
浓硫酸	0.005
$CaSO_4$(硬石膏)	0.004
Al_2O_3(未熔融)	0.003
KOH(经熔融)	0.002
三水高氯酸镁	0.002
无水高氯酸镁	0.0005
P_4O_{10}	0.00002

① 1mmHg=133Pa。

附录6 ^{1}H NMR中常见的溶剂残留

表1 ^{1}H NMR 谱图中常见溶剂残留的化学位移值 δ（CDCl$_3$ 为溶剂）

溶剂	裂分峰型,化学位移 δ/ppm		
水	s,1.56	—	—
氯仿	s,7.26	—	—
丙酮	s,2.17	—	—
乙醚	t,1.21	q,3.48	—
甲醇	s,1.09	s,3.49	—
乙酸	s,2.10	—	—
甲苯	s,2.34	s,7.19	—
吡啶	m,7.29	m,7.68	m,8.62
硅脂	s,0.07	—	—
凡士林	m,0.86	s,1.26	—
正己烷	t,0.88	m,1.26	—
三乙胺	t,1.03	t,2.53	—
二氯甲烷	s,5.30	—	—
二甲亚砜	s,2.62	—	—
乙酸乙酯	t,1.26	s,2.05	q,4.12
四氢呋喃	m,1.85	m,3.76	—
甲基叔丁基醚	s,1.19	s,3.22	—
N,N-二甲基甲酰胺	s,2.88	s,2.96	s,8.02

表2 ^{1}H NMR 谱图中常见溶剂残留的化学位移值 δ（DMSO-d_6 为溶剂）

溶剂	裂分峰型,化学位移 δ/ppm		
水	s,3.33	—	—
氯仿	s,8.32	—	—
丙酮	s,2.09	—	—
乙醚	t,1.09	q,3.38	—
甲醇	s,3.16	s,4.01	—
乙酸	s,1.91	—	—
甲苯	s,2.30	s,7.18	—
吡啶	m,7.39	m,7.79	m,8.58
正己烷	t,0.86	m,1.25	—
三乙胺	t,0.93	t,2.43	—
二氯甲烷	s,5.76	—	—
二甲亚砜	s,2.54	—	—
乙酸乙酯	t,1.17	s,1.99	q,4.03
四氢呋喃	m,1.76	m,3.60	—
甲基叔丁基醚	s,1.11	s,3.08	—
N,N-二甲基甲酰胺	s,2.73	s,2.89	s,7.95

注:Gottlieb H. E.,Kotlyar V.,Nudelman A. J. Org. Chem.,1997,62,7512~7515.

附录7 常见英文缩写与名称

缩写	英文	中文
aa	acetic acid	乙酸
abs	absolute	绝对的
Ac	acetyl	乙酰基
alk	alkali	碱
Am	amyl	戊基
amor	amorphous	无定形的
Anhyd	anhydrous	无水的
aq	aqueous	水溶液
Ar	aryl	芳基
atm	atmosphere	大气压
Boc	t-butoxy carbonyl	叔丁氧羰基
b. p.	boiling point	沸点
Bn	benzyl	苄基
Bu	butyl	丁基
Cat	catalyst	催化剂
comp	compound	化合物
Concd	concentrated	浓的
Cy	cyclohexane	环己烷
DCC	1,3-dicyclohexylcarbodiimide	1,3-二环己基碳二亚胺
DCM	dichloromethane	二氯甲烷
DDQ	2,3-dichloro-5,6-dicyano-1,4-benzoquinone	2,3-二氯-5,6-二氰基-1,4-苯醌
DIBALH	diisobutylaluminum hydride	二异丁基氢化铝
Dil	diluted	稀的
DMF	dimethylformamide	二甲基甲酰胺
DMSO	dimethyl sulfone	二甲基亚砜
EA	ethyl acetate	乙酸乙酯
Et	ethyl	乙基
g	gas	气体
gel	gelatinous	凝胶的
hyd	hydrate	水合的
i-	iso-	异
inflam	inflammable	易燃的
LAH	lithiumaluminium hydride	氢化铝锂
LDA	lithiumdiisopropylamide	二异丙基氨基锂
liq	liquid	液体
m-	meta	间
MCPBA	m-chloroperbenzoic acid	间氯过氧苯甲酸
Me	methyl	甲基
m. p.	melting point	熔点
Ms	methanesulfonyl	甲磺酰基
n-	normal	正
Nu	nucleophile	亲核的
o-	ortho	邻
org	organic	有机的
p-	pata	对
PE	petroleum ether	石油醚
Ph	phenyl	苯基

续表

缩写	英文	中文
Pr	propyl	丙基
Py	pyridine	吡啶
s	solid	固体
t-	*tert*-	叔
Temp	temperature	温度
THF	tetrahydrofuran	四氢呋喃
TLC	thin layer chromatography	薄层色谱
TMS	trimethyl silyl	三甲基硅基
Vac	vacuum	真空
vs	very strong	非常强
xyl	xylene	二甲苯

附录8 常见有机官能团的定性检验

官能团的定性检验具有反应快、操作简便等特点，可为有机化合物的结构鉴定提供重要信息。

1. —C=C—、—C≡C—的检验

① Br_2/CCl_4 溶液：在干燥试管中加入 2mL 2% Br_2/CCl_4 溶液，再加入 5 滴样品后振荡。若溶液褪色，则表明样品中含有不饱和双键或三键。

② $KMnO_4$ 溶液：在试管中加入 2mL 1% $KMnO_4$ 溶液，再加入 2 滴样品后振荡。若溶液褪色或有褐色沉淀生成，则表明样品中含有不饱和双键或三键。

③ $Ag(NH_3)_2^+$ 溶液：在试管中加入 0.5mL 5% $AgNO_3$ 溶液，加入 1 滴 5% NaOH，然后加入 2% $NH_3·H_2O$ 直至开始形成的 AgOH 沉淀溶解为止。再加入 2 滴样品，若有白色沉淀生成，表明样品中含有末端炔。

④ $Cu(NH_3)_2^+$ 溶液：在试管中加入 1mL H_2O，加入绿豆大小的 CuCl，滴加浓 $NH_3·H_2O$ 至沉淀完全溶解。加入 2 滴样品，若有砖红色沉淀生成，表明样品中含有末端炔。

2. 芳烃的检验

① 发烟硫酸：在试管中加入 1mL 含 20% SO_3 的发烟硫酸，逐渐加入 0.5mL 样品，振荡后静置。若样品强烈放热并完全溶解，表明为芳烃。

② $CHCl_3/AlCl_3$：在干燥试管中加入 1mL 纯氯仿和 0.1mL 样品，倾斜试管，润湿管壁。沿管壁加入少量无水 $AlCl_3$，观察管壁颜色。

管壁颜色与芳烃的对应关系为：橙色至红色——苯及其同系物，卤代芳烃；蓝色——联苯或萘；紫红色——菲。

3. 卤代烃的检验

① $AgNO_3/C_2H_5OH$ 溶液：在试管中加入 1mL 5% $AgNO_3/C_2H_5OH$ 溶液和 2~3 滴样品溶液，振荡后观察。若立即产生沉淀，可能为苄基卤、烯丙基卤或叔卤代烷；若加热煮沸片刻产生沉淀，且加入 1 滴 5% HNO_3 后沉淀不溶解，可能为仲卤代烷或伯卤代烷；若加热煮沸不能生成沉淀、或生成的沉淀可溶于 5% HNO_3，可能为乙烯基卤代烷、卤代芳烃或同碳多卤代烷。

② NaI/CH_3COCH_3 溶液：在试管中加入 2mL 15% NaI/CH_3COCH_3 溶液和 4~5 滴样

品溶液，振荡后观察。若在 3min 内产生沉淀，可能为苄基卤、烯丙基卤或叔卤代烷；若 5min 内无沉淀生成，在 50℃ 水浴中温热产生沉淀，可能为仲卤代烷或伯卤代烷；若加热后仍不能生成沉淀，可能为乙烯基卤代烷或卤代芳烃。

4. 醇的检验

① $Ce(NH_4)_2(NO_3)_6$ 溶液：取 2 滴液体样品或 50mg 固体样品，溶于 2mL 水或二氧六环中配成溶液，加入 0.5mL 硝酸铈铵溶液，振荡。若溶液呈红色或橙红色，表明有醇存在。

② Lucas 试剂：在试管中加入 5~6 滴样品、2mL Lucas 试剂，振荡后观察。若立即浑浊/分层，可能为苄醇、烯丙醇或叔醇；若放入温水浴中温热 2~3min 后，缓慢出现浑浊/分层，则为仲醇；若无任何现象和反应，则为伯醇。大于六个碳原子的醇不溶于水，不能用此法鉴定。

5. 酚的检验

① $FeCl_3$ 溶液：在试管中加入 0.5mL 1% 样品的水溶液或醇溶液，再加入 2~3 滴 1% $FeCl_3$ 水溶液。若有紫红色呈现则表明有酚类存在。

具有烯醇式结构的化合物，也能与 $FeCl_3$ 呈现出明显紫红色变化。

② Br_2-H_2O 溶液：在试管中加入 0.5mL 1% 样品溶液，逐渐滴加溴水。若溴水颜色不断褪去，且有白色沉淀产生，表明有酚类物质存在。

6. 醛和酮的检验

① 2,4-二硝基苯肼/浓硫酸/乙醇/水：在试管中加入 2mL 2,4-二硝基苯肼试剂和 3~4 滴样品溶液，振荡后观察。若无沉淀产生，可微热 0.5min 后观察；若冷却后有橙黄色或橙红色沉淀生成，表明样品中含醛或酮。

② $NaHSO_3$ 溶液：在试管中加入新配制的饱和 $NaHSO_3$ 溶液 2mL 和 6~8 滴样品溶液，振荡后置于冰水中冷却，观察。若有白色沉淀析出，表明样品中有醛或脂肪族甲基酮存在。

③ I_2/KI/NaOH 溶液：在试管中依次加入 1mL I_2/KI 溶液、1.5mL 5% NaOH 溶液和 5 滴样品溶液，振荡后观察。若产生黄色沉淀，表明样品中含甲基酮。

④ $Ag(NH_3)_2^+$ 溶液：在试管中加入 2mL 5% $AgNO_3$ 溶液，振荡下滴加浓氨水，至产生的棕色沉淀刚好溶解为止。然后再加入 2 滴样品，水浴温热且不断振荡。若有银镜产生，表明样品中含有醛。

⑤ Fehling 试剂：试管中加入 Fehling A 和 Fehling B 各 0.5mL，混匀后再加入 3~4 滴样品，沸水浴加热，观察。若有砖红色沉淀生成，表明样品中含脂肪族醛类化合物。

7. 羧酸及其衍生物的检验

① 羧酸的检验：在配有橡胶塞和导气管的试管中加入 2mL 饱和的 $NaHCO_3$ 溶液和 5 滴样品溶液，产生的气体用 5% $BaCl_2$ 溶液检测。若产生沉淀，表明含羧酸类化合物。

具有比羧酸酸性更强的基团（—SO_3H 等）或能水解产生羧基（酸酐、酰卤等）的物质，均有此反应。

② 酰卤的检验：在试管中加入 1mL 5% $AgNO_3$/C_2H_5OH 溶液和 2~3 滴样品溶液，振荡后观察。若立即产生沉淀，表明存在酰卤。

苄基卤、烯丙基卤或叔卤代烷也有此反应。

③ 酰胺的检验：在试管中加入 2mL 6mol/L NaOH 溶液和 4~5 滴样品溶液，煮沸观察。若有气体产生，表明样品中含有酰胺。

④ 乙酰乙酸乙酯的检验：在试管中加入 1mL 饱和乙酸铜溶液和 1mL 样品溶液，振荡，观察。若有蓝绿色沉淀生成，再加入 1～2mL 氯仿进行振荡，如沉淀消失，表明样品中含有乙酰乙酸乙酯。

还可以通过 2,4-二硝基苯肼试剂、饱和 $NaHSO_3$ 溶液、$FeCl_3/Br_2$ 溶液等对乙酰乙酸乙酯进行检验。

8. 胺的检验

Hinsberg 反应：在试管中依次加入 2.5mL 10% NaOH 溶液、0.5mL 苯磺酰氯和 0.5mL 样品，水浴（<70℃）加热，振荡 1min，冷却后用 pH 试纸检测溶液为碱性（如不呈碱性，则加入 10% NaOH 溶液），观察。

若溶液清澈，用 6mol/L HCl 酸化后析出沉淀，则样品为伯胺；若溶液中有沉淀析出，也用 6mol/L HCl 酸化，沉淀不消失，则样品为仲胺；若无反应，溶液中仍有油状物，用盐酸酸化后油状物溶解得到澄清溶液，则样品为叔胺。

9. 糖的检验

Molish 实验：在试管中加入 0.5mL 5% 的样品溶液，滴入 2 滴 10% 的 α-萘酚溶液，混合均匀。将试管倾斜约 45°，沿管壁缓慢加入 1mL 浓硫酸，勿摇动。如果在两相交界处出现紫色环，则表明样品中含有糖类化合物。

还可以通过成脎实验、Tollens 实验、Fehling 实验等对糖类化合物进行检验。

10. 蛋白质的检验

① 双缩脲实验：在试管中加入 10 滴清蛋白溶液和 1mL 10% NaOH 溶液，混合均匀后，加入 4 滴 $CuSO_4$ 溶液，振荡，观察。若有紫色出现，表明蛋白质分子中含有多个肽键。

② 黄蛋白实验：在试管中加入 1mL 清蛋白溶液，滴入 4 滴浓硝酸，出现白色沉淀。将试管置于水浴中加热，沉淀变为黄色。冷却后滴加 10% NaOH 溶液或浓氨水，黄色转变为更深的橙黄色，表明蛋白质中含有酪氨酸、色氨酸或苯丙氨酸。

参考文献

[1] 赵温涛，等. 有机化学实验. 北京：高等教育出版社，2017.
[2] 熊洪录，等. 有机化学实验. 北京：化学工业出版社，2011.
[3] 曹秀芳，等. 有机化学实验. 北京：中国农业出版社，2017.
[4] 姚刚，等. 有机化学实验. 第 2 版. 北京：化学工业出版社，2018.
[5] 张奇涵，等. 有机化学实验. 第 3 版. 北京：北京大学出版社，2015.